STYLE

雷蒙 老師——著

雷蒙老師教你煮出google找不到的名人指定菜

# 豪門主廚

在我家！

# 一、輕食小點、開胃菜、下酒菜

輕食小點裡一定要做的第一道菜便是百頁鹹餅乾，下酒菜推薦生菜包醬雞肝，草餜可以試試肉鬆綠茶麥片粥，時間很充裕的話，就來道百頁三絲卷。

輕工
Lithe

# 百頁鹹餅乾

## 傳說中少奶奶的下午茶小點心。

身為豪門家廚得貼心為三代同堂的一家人設計菜式，滿足老老少少的需求。

喜歡在下午時間邀請朋友來家裡打牌的少奶奶，正煩惱著準備什麼樣的下午茶點心，茶點既要好吃，又不能讓正在減重的姐妹們，心裡頭有負擔，於是構思出這道別出心裁的finger food，讓少奶奶跟姐妹淘可以輕鬆品嚐，度過愉快的下午茶時光。

以略帶鹹味的小點心取代甜食，改變下午茶給大家是甜食的印象。特別選用百頁豆腐，它的口感特別，不但保留了豆腐的營養，熱量也低。

通常豆腐的作法常是以滷或炸的方式，為了呈現小點心的精緻感，可以切成細丁，透過視覺讓常見的食材小小變形，拌上海苔醬、芝麻醬增添香氣，就大功告成了！！這道小點，製作起來超級簡單，竟然成了少奶奶下午茶的常客。

廚房菜鳥很難切出很細很美的立方體百頁，老師說沒關係，可以用剁得，只要不斷剁，也可以變很細。(哈哈！有沒有很簡單！)

剁得過程中菜鳥竟然發現，豆香四溢，令人相當愉悅，拌上讓人想起童年滋味的海苔醬、芝麻醬還有和風醬，真的好簡單，做完試吃，天呀！好好吃喔！

雖然沒有老師在口味及刀工的整體精緻感，但還是好吃。這道菜可說是廚房菜鳥試做成功率百分之百的好菜！！

目測0.2公分的立方體，看起來像麵包屑，
乍看之下讓人猜不出是什麼食材，鮮蔥翠綠若隱若現，
在餅乾上堆疊出可愛的圓塔狀，吃下第一口，
有人說是干絲但其實不是喔！

是百頁豆腐！細膩的百頁包裹著眾多香氣，
還有蔥的微嗆，鹹餅乾清脆口感釋放出的鬆脆，
太神奇了。

材料 ········ 百頁豆腐3塊、鹹餅乾12塊、醬油適量、薄荷葉12片
醬料 ········ 海苔醬30克、和風醬5c.c.、芝麻醬20克、蔥2根、香油3c.c.

作法

01 ········ 將百頁豆腐放入鍋中上色。
02 ········ 取出後把百頁豆腐切成細絲。
03 ········ 之後可繼續剁細。
04 ········ 加入海苔醬、芝麻醬、和風醬、
　　　　　香油及蔥花攪拌均勻。
05 ········ 盛放至小餅乾上，最後裝飾薄
　　　　　荷葉即可。

[ Tips ········ 老師於書中示範料
　　　　　理使用的香油皆為
　　　　　炭道冷壓芝麻油，使
　　　　　用一般香油亦可。 ]

小時候很愛用梅粉沾芭樂吃，
慢慢地有些雞排店推出了梅粉地瓜條，一樣很好吃。
這道料理滿足了許多梅粉懷舊迷，
板豆腐入烤箱之前有炸過，吃起來更香酥，
烤過豆腐的香濃起司味，竟然和梅粉這麼的搭配，
彷彿有種時空錯置的感覺。

此外，老師硬是多了一味的花生糖粉，
真是神來之筆，家裡有烤箱的讀者一定要做！！

# 梅粉起司豆腐

一上桌30秒就嗑光光的輕食小點。

輕食小點、開胃菜、下酒菜

材料 ……… 板豆腐2塊、起司絲適量
醬料 ……… 起司粉5克、梅粉5克、花生粉5克、糖5克

## 作法

01 ……… 炸過的豆腐塊中間劃一刀,放入起司絲,接著進烤箱以190度,烤至金黃色(請隨時注意顏色的變化)。

02 ……… 醬料的材料拌勻,灑在烤好的豆腐上即可。

# 百頁三絲卷

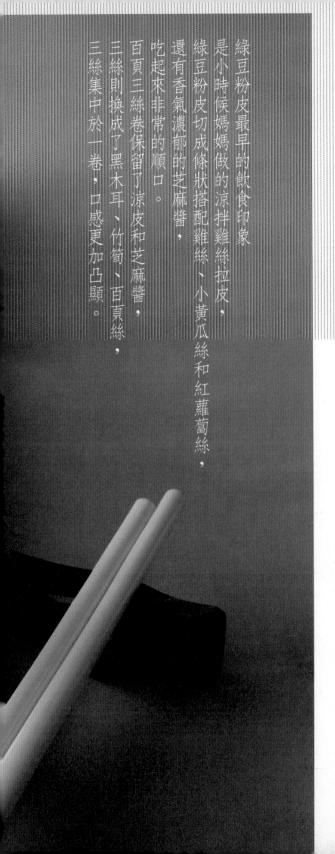

輕食小點、開胃菜、下酒菜

想試試自己的手有多巧，
非做這道菜不可！

巧
Lithe

綠豆粉皮最早的飲食印象
是小時候媽媽做的涼拌雞絲拉皮，
綠豆粉皮切成條狀搭配雞絲、小黃瓜絲和紅蘿蔔絲，
還有香氣濃郁的芝麻醬，
吃起來非常的順口。
百頁三絲卷保留了涼皮和芝麻醬，
三絲則換成了黑木耳、竹筍、百頁絲，
三絲集中於一卷，口感更加凸顯。

由於很愛吃百頁豆腐，常常想著如何入菜。而且我是很愛把食材變形的人，以百頁鹹餅乾這道料理來說，我把百頁切成細末，這道菜就是把百頁豆腐切成細絲，有時候多費一點點功夫，原先習以為常的食材就有了不同的口感和變化。每當想讓料理看起來更加小巧精緻時，我會用燙熟的韭菜充當細繩，韭菜具有韌性，長度又夠，也可讓料理有獨特的氣味，這道料理能夠完成，全是韭菜繩發揮的作用。

這道菜菜鳥試做時，比較有難度的部份是「綁上韭菜繩結」這個步驟。如果買的韭菜不夠長，綁的時候難免會捉襟見肘，加上綠豆粉皮軟嫩細滑，下手太重也容易綁破，因此手勁放輕，買韭菜時盡量挑選長一點，就容易多了。

材料 ········ 黑木耳2朵、筍子1枝、百頁豆腐1個、韭菜2枝、綠豆粉皮2張
調味料 ········ 芝麻醬5克、和風醬15c.c.


準備

黑木耳、筍子、百頁豆腐切成細絲備用。韭菜燙熟備用。


作法

01 ········ 黑木耳絲、筍絲、百葉絲，淋上芝麻醬拌勻，
再滴上和風醬，繼續拌均。

02 ········ 用綠豆粉皮把三絲包裹捲起，再用韭菜輕輕
紮起打結，切段後即可擺盤。

[ Tips ········ 買綠豆粉皮時請注意是否平整，平整
的綠豆粉皮會比較好捲。 ]

材料 ……… 雞肝4副、生菜1顆
調味料1 ……… 薑150克、蔥1支、鹽20克、米酒50c.c.
調味料2 ……… 蒜頭2瓣、蔥1支、辣椒1條、香菜少
　　　　　　　許、黑豆桑頂級黑金醬油4c.c.、香油
　　　　　　　3c.c.、XO醬10克、沙茶醬10克

輕工
Lithe

# 生菜XO醬雞肝

名人口耳相傳，不吃不可的下酒極品。

## 準備

**01** ……… 蔥切片，部份切成蔥花，蒜頭磨成泥備用。
**02** ……… 生菜稍微修剪成圓型，比較好入口。
**03** ……… 去掉雞肝之間的筋脈備用。

## 作法

**01** ……… 用開水把薑、蔥煮出味道後，
　　　　　再加入米酒。
**02** ……… 接著放入雞肝，浸泡至熟，
　　　　　撈起後切片。
**03** ……… 加入調味料2拌勻，即可用生
　　　　　菜包來吃。

[ **Tips** ……… 用蔥、薑、米酒煮開水，
　　　　　　放入雞肝浸泡，可去除
　　　　　　腥味。本書中提及的食
　　　　　　材去腥都用這個方法。 ]

雞肝這項食材也是在家庭料理裡常會出現的，通常是以滷或炒的方式做成家常料理。我則是用了許多香辛料把雞肝變成一道下酒菜，這道菜非常的好做，吃過的名人也不少，像是葉美麗、辜仲瑩、蘇嘉全等都曾經嚐過。特別選用XO醬，讓醬中的干貝絲奢華地裹著雞肝，光用眼睛看就知道那味道有多誘人。喝酒的時候，大家心情常是很放鬆的，用生菜葉包著，方便用手拿，這樣隨性吃食的下酒菜時光，很適合三五好友聚在一起。

鼓起勇氣嚐了第一口，
酪梨黏稠的口感搭配豬耳朵的爽脆，
還帶點辣味，真是又清爽又嗆人。

記得酪梨產季時一定要做這一道菜。
這道菜堪稱雷蒙料理之公主級美味啦！！

材料 ……… 酪梨半顆、滷好的豬耳朵70克、辣椒絲些許
調味料 ……… 蔥1枝、辣椒醬2克、和風醬10c.c.

# 酪梨豬耳朵絲

## 這兩樣加起來可以吃嗎？？？

輕食小點、開胃菜、下酒菜

輕巧
Lithe

天知道我怎麼會想出這道菜，我的腦中總是迸發出無數的料理點子，只是做得速度比不上腦中所想的。這道菜是我為了上郁方節目《生活好事兒》而發想的，在我的腦海中演練過無數次的味覺搭配，我有著百分之九十以上的自信，覺得這是一道好吃的料理，一邊示範時，郁方還不斷驚呼「這樣可以吃嗎？」「好奇怪！」完成之後，郁方先嚐了一口，接著就是標準的吃過雷蒙料理的反應，無法形容，只能哇！哇！哇！

這道菜在構思時，酪梨的黃綠顏色和滷過豬耳朵的焦糖色澤，搭配起來很漂亮，也是當初設想的視覺上的重點之一。

這道菜的作法非常簡單，也是本書排行前三名簡單之列的料理。只要做了這道菜，招待客人時便很好用，既省下時間，而且失敗率可說是零。

## 準備

取出酪梨果肉。豬耳朵切成條狀。

## 作法

01 ……… 將酪梨果肉跟豬耳朵絲，加上調味料拌勻。

02 ……… 後再放回酪梨殼裡即可上桌。

[ Tips ……… 酪梨買回靜置3~4天，待果皮顏色轉成紫黑色，便是最適合品嚐的時機。

大女生學會照顧自己的第一道菜，充分補充元氣。

# 番茄豬肝燒

輕
Lithe

希望越來越多人可以在自家廚房做菜，不求多，也不用每天做，好比找個星期假日，逛逛傳統市場，領略充滿生命力的景象，也是補給能量的一種方法。走進傳統市場，攤販賣力的吆喝聲，此起彼落。有時你聽不懂，卻也像唱歌一樣。剛採摘上市的蔬菜，飽滿壯碩，來自各地的水果，顏色鮮豔，垂涎欲滴。

再往那邊看，海鮮、花枝、蚵仔、白帶魚、蝦子一應俱全，非得勾引你買幾樣不可。每樣食材都充滿活力，上菜市場是我覺得最能補充元氣的方法了。如果你今天心情不好，不妨勉強自己起個大早，找一處離家最近的菜市場，包準有滿滿的感動。

豬肝這樣的食材，起個早到市場買個半副，再買些番茄、蔥蒜辣椒，今天中午就幫自己煮一道番茄豬肝燒，補補血氣，只要配上自家煮的白飯，就是滿足的午餐。這道料理並不特別，可是我加入烏醋，果然氣韻不凡呢！！(烏醋真好用)

大女生一定要學會做的料理，小女生在家的時候或許還有媽媽煮給你吃。可是離家在外，得學會好好照顧自己，這道菜就是照顧自己的起點。每當生理期來時，幫自己準備一份番茄豬肝燒，軟嫩的豬肝和酸香的番茄，有著意想不到融合的美味，上鍋前滴上的烏醋，讓香氣更為濃郁。做這道菜最要注意豬肝的煮法，以熱油掃過，豬肝才會軟嫩不老。

020

材料 ……… 番茄1顆、豬肝半副、蔥1枝、蒜頭2瓣、辣椒1
　　　　　條、糖20克、黑豆桑頂級黑金醬油8c.c.、烏醋
　　　　　10c.c.、香油2c.c.、蛋1顆、太白粉適量
醃料 ……… 香油2c.c.、醬油8c.c.、蛋1顆

### 準備

**01** ……… 豬肝洗淨後切片。用廚房紙巾拭去水分。

**02** ……… 將香油、醬油及蛋拌勻製成醃料。

**03** ……… 將豬肝放入醃料中，醃約10分鐘。

### 作法

**01** ……… 醃好的豬肝片沾太白粉後，下鍋以熱油掃過，撈起
　　　　　備用。

**02** ……… 將鍋子再溫熱一下，可將蔥、蒜、辣椒下鍋爆香。

**03** ……… 接著放入豬肝，再加點醬油及糖，混炒一下，滴入
　　　　　幾滴烏醋，便可上桌。

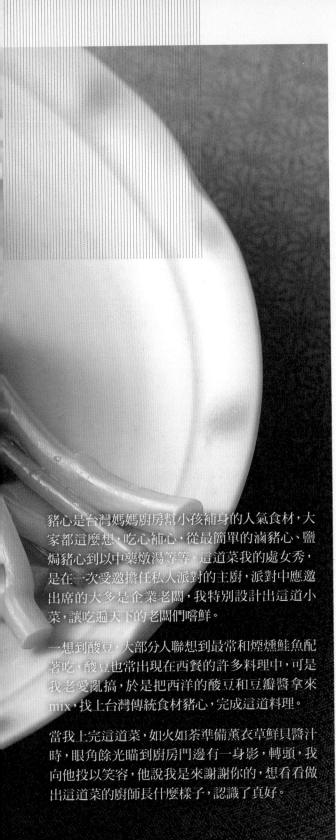

輕工
Lithe

酸豆豆瓣
豬心佐芥藍

西洋的酸豆＋東方的豆瓣醬碰撞出什麼滋味？

豬心是台灣媽媽廚房幫小孩補身的人氣食材，大家都這麼想，吃心補心，從最簡單的滷豬心、鹽焗豬心到以中藥燉湯等等。這道菜我的處女秀，是在一次受邀擔任私人派對的主廚，派對中應邀出席的大多是企業老闆，我特別設計出這道小菜，讓吃遍天下的老闆們嘗鮮。

一想到酸豆，大部分人聯想到最常和煙燻鮭魚配著吃，酸豆也常出現在西餐的許多料理中，可是我老愛亂搞，於是把西洋的酸豆和豆瓣醬拿來mix，找上台灣傳統食材豬心，完成這道料理。

當我上完這道菜，如火如荼準備薰衣草鮮貝醬汁時，眼角餘光瞄到廚房門邊有一身影，轉頭，我向他投以笑容，他說我是來謝謝你的，想看看做出這道菜的廚師長什麼樣子，認識了真好。

材料 ⋯⋯⋯ 豬心1顆、豆瓣醬3克、酸豆70克、蒜苗1枝、太白粉
少許、烏醋5c.c.、香油3c.c.、芥蘭菜6株、蔥1枝

醃料 ⋯⋯⋯ 蛋1顆、黑豆桑頂級黑金醬油5c.c.、蒜頭1瓣

## 準備

**01** ⋯⋯⋯ 醃料製作:蒜頭磨成泥,與蛋和醬油拌勻。
**02** ⋯⋯⋯ 芥藍菜保留整株不切段,汆燙後,整株擺盤備用。
**03** ⋯⋯⋯ 酸豆切成細末備用。
**04** ⋯⋯⋯ 蔥切成蔥花備用。
**05** ⋯⋯⋯ 蒜苗切片備用。

## 作法

**01** ⋯⋯⋯ 豬心切片,以醃料醃漬15分鐘,沾少許太白粉,下鍋過油
至半熟待用。
**02** ⋯⋯⋯ 爆香蔥花、蒜苗,加入酸豆末、蠔油、豆瓣醬拌炒,續加
入豬心拌炒。
**03** ⋯⋯⋯ 勾薄芡後淋在芥蘭菜上,最後滴幾滴烏醋,即可上桌。

麥片和高湯一起打成泥，
凸顯了麥片的香氣。
吃下第一口和綠茶的香氣很協調，
肉鬆和鹹麥片泥拌起來吃，和白米稀飯同樣對味，
紅蔥油讓麥片粥一下子有了台灣古早味。
很適合給家裡的長輩當早餐喔！

談起這道菜又要憶兒時了，非常喜歡吃稀飯的我，只要一吃稀飯就一定會拌很多肉鬆，常常一罐肉鬆，吃沒幾次就被我嗑完了。玩這道菜就是想把童年吃肉鬆的經驗，徹底發揮。好比說肉鬆加在麥片會怎麼樣？應該也很好吃吧！帶點清香微苦的綠茶粉和紅蔥油，拌入麥片粥會帶出什麼味道？是像我們的鹹稀飯嗎？這些又中又西的食材，就這麼組成了一道料理，好不好吃？你說呢？

## 肉鬆綠茶麥片粥

輕工
Lithe

早餐來點新鮮的！麥片！綠茶！還有肉鬆！

材料 ········ 麥片300克、高湯450c.c.、蔥1支、胡椒粉
　　　　　　 適量、肉鬆20克

調味料 ········ 紅蔥油3克、綠茶粉3克

準備

麥片煮熟待用，可使用電鍋煮，像煮米飯的方法一樣。

作法

01 ········ 將熟麥片跟高湯一起用果汁機打成泥。

02 ········ 放回鍋子再加熱，接著加入綠茶粉及紅蔥油。

03 ········ 熄火前灑上蔥花、肉鬆、胡椒粉即可。

輕工
Lithe

# 起司蝦仁脆餅乾

派對中人氣超旺的一口小點心！

材料 ……… 蝦仁約225克、鹹餅乾6片、起司絲4克、肉鬆10克、起司粉5克、酥炸粉15克

## 準備

蝦仁洗淨，瀝乾水分備用。

## 作法

01 ……… 蝦仁沾起司粉跟酥炸粉，下鍋油炸至金黃色。

02 ……… 將蝦仁擺在鹹餅乾上，再放些許肉鬆及起司絲，送入烤箱，設190度烤至金黃色即可。

炸得酥脆的蝦仁，濃濃的焦香起司味，一口就吃光光。

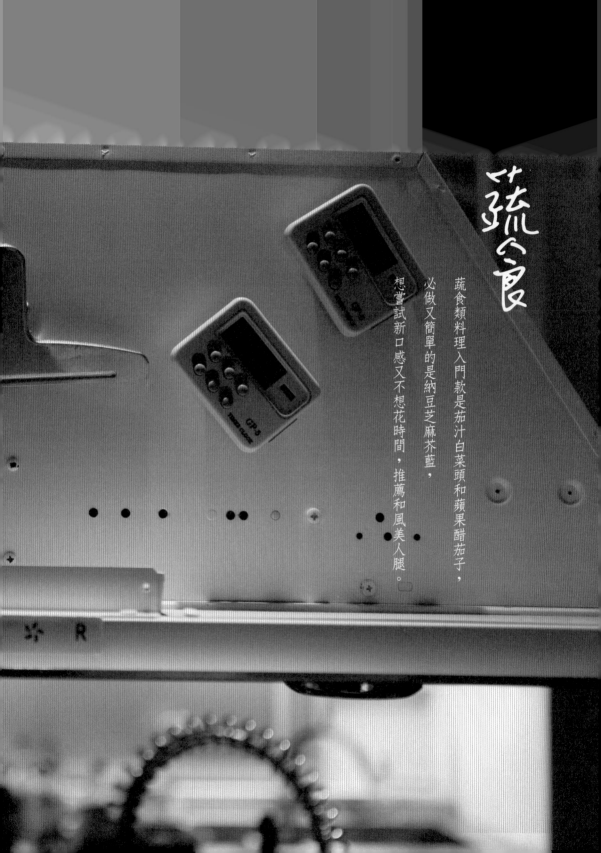

蔬食

蔬食類料理入門款是茄汁白菜頭和蘋果醋茄子，

必做又簡單的是納豆芝麻芥藍，

想嘗試新口感又不想花時間，推薦和風美人腿。

切成細末的芥藍菜，釋放出一股微微的嗆味，
這一嗆味巧妙地轉化了納豆的氣味，
拌上海苔醬、和風醬，更增添整體的香氣。
切成細末的芥藍菜和納豆一起入口，
納豆滑潤的汁液包覆著略帶澀感的芥藍菜末，
口中不時咬碎的白芝麻，不僅讓香氣層次更加豐富，
也讓口感更加的立體。

蔬
Vegetables
蔬食

# 納豆芝麻芥蘭

讓老奶奶偷笑的一道小菜。

這天,他嗅到了一項任務。

老奶奶對他說有個朋友吃了納豆,好像效果很好,她想試試,然而納豆那個氣味,讓她實在不敢嘗試。這個大家庭三餐的食單裡,並沒有列上這道菜,然而這幾句閒聊話卻在他腦海裡發酵,老奶奶想試試納豆。對他來說這不是什麼難事,他一向善長處理食材,也能巧妙運用對食材的敏感度,平衡氣味與口感。

那時正值冬末,市場上翠綠又健康的芥藍菜,給了他靈感。芥藍菜富含胡蘿蔔素,維他命B1,維他命B2,維他命C及維他命U等是營養價值很高的蔬菜,在料理過程中把芥藍菜切碎變形,再和納豆攪拌,完全轉換了對納豆食用方式的印象。

有一天,他特別端上這盅特製的小菜,老奶奶動了筷,吃下,嚼了幾口,露出極淺的微笑,不仔細看還看不出來呢。隔天,老奶奶對他說那小菜很吃,今天再來一盤。

菜鳥活到現在還沒吃過納豆,一聞到納豆味道就頭暈。納豆是日本國民必備的食品,據歷史上記載日本食用納豆的歷史有一千多年了,最近這幾年,納豆備受推崇,相關研究指出其中含有的納豆激酶能預防心血管疾病,因而造成一股熱潮。這道菜相當好製作,可說是早餐時最好的配菜,成功率達百分之百。(強烈推薦一定要做的菜^_^)

材料 ‧‧‧‧‧‧‧‧ 芥藍菜300克
醬料 ‧‧‧‧‧‧‧‧ 納豆1盒、海苔醬15克、和風醬20c.c.、白芝麻20克

## 作法

01 ‧‧‧‧‧‧‧ 將芥藍菜燙熟,稍微冷卻(夏天的時候可以冰鎮)。
02 ‧‧‧‧‧‧‧ 扭轉芥藍菜擰乾水分。
03 ‧‧‧‧‧‧‧ 切成細末。
04 ‧‧‧‧‧‧‧ 盡量切細,口感會比較好。
05 ‧‧‧‧‧‧‧ 放入納豆、海苔醬、和風醬。

06 ‧‧‧‧‧‧‧ 攪拌均勻。
07 ‧‧‧‧‧‧‧ 取一紙杯,裁剪掉杯底。(雷蒙流料理塑形法!!)
08 ‧‧‧‧‧‧‧ 把攪拌均勻的食材放入杯中,最後把杯子輕輕拿起。
09 ‧‧‧‧‧‧‧ 灑上白芝麻就大功告成。

# 白芝麻蛋卷油菜

蛋香、菜香、芝麻香、花生香一起入口的春日輕食。

這道菜看起來很簡單,實際上很考驗功夫的。燙油菜一點也不難,難的是煎出一張美美的蛋皮,如果宴客時準備時間倉促,最好別上這道菜。不然煎出了支離破碎的蛋皮,就失去了美妙的口感。平常勤練煎蛋皮,才不會臨時抱佛腳。

我喜歡打破慣性的吃法,創造出不一樣的口感。好比吃一道菜,水煮蔬菜拌上芝麻醬就很清香好吃,不過我想讓整個品嚐的過程,增加更多的變化,從視覺、嗅覺到味覺,讓品嚐的人每一個感官都能動用到。好比視覺,一看到用韭菜繩綁起的蛋卷,可能會先「哇」一聲,沾了醬汁吃下之後還會再「哇」一次,最後「哇」「哇」「哇」的問我這道菜要怎麼做,這時候就覺得自己真是一位魔法師,讓每個人吃了之後變開心了。

鋪滿白芝麻的蛋卷，用翠綠色的韭菜繩包裹著，裡頭是清新的油菜。

材料 ········· 油菜300克、蛋4顆、白芝麻75克、韭菜些許
醬料 ········· 和風醬40c.c.、花生醬20克

## 準備

01 ········· 和風醬與花生醬拌勻製成沾醬備用。

02 ········· 蛋煎成蛋皮待用。想要煎一張美美的蛋皮,有幾個訣竅,首先先熱鍋,讓鍋子有點溫熱,接著用廚房紙巾沾油,在鍋內塗上薄薄一層油,然後倒入蛋液,接著轉動鍋子,讓蛋液布滿整個鍋面,稍待一會,再進行翻面,蛋液完全凝固就可以盛盤。

## 作法

01 ········· 油菜燙過,馬上冰鎮擰乾待用。

02 ········· 把燙過的油菜用蛋皮捲起來,再以韭菜綑綁後切段。

03 ········· 灑上白芝麻便可盛盤,可沾和風花生醬食用。

# 茄汁白菜頭

空氣裡飄著茄汁鯖魚罐頭的香氣，這是一道充滿濃濃回憶的蔬菜湯。

小時候每當到颱風時節一到，總是會去雜貨店買幾罐茄汁鯖魚罐頭，當作停水停電時的配菜，特殊的茄汁香氣，讓人很難忘懷。這道菜就是想捕捉一打開罐頭時，迎面撲鼻的茄汁香氣，好玩的是它的主食材換成了白菜頭，不是鯖魚。每當烹煮這道菜時我會有一種奇異的感覺，明明是茄汁鯖魚罐頭的香氣，吃到嘴裡卻是白蘿蔔。當然烏醋一定少不了，有了這一味，那個像時間一樣久久遠遠的感覺才會出現，白話來說，就是味道濃郁有層次。

材料 ⋯⋯⋯ 蕃茄2顆、洋蔥1顆、白蘿蔔2條、水蓋至材料大約三分之二處

調味料 ⋯⋯⋯ 蒜頭6瓣、豬油30克、番茄醬50c.c.、蒜苗2支、黑豆桑頂級黑金醬油30c.c.、糖5克、烏醋20c.c.

## 準備

01 ⋯⋯⋯ 白蘿蔔削皮切塊待用。

02 ⋯⋯⋯ 洋蔥切條狀、番茄切塊備用。

03 ⋯⋯⋯ 蒜苗切段、蒜頭剝皮。

## 作法

將所有食材放入電鍋中，再放入所有調味料連豬油也一併放入。燉煮至熟爛即可食用。

[ Tips ⋯⋯⋯ 若沒有豬油，一般食用油亦可，豬油最香。 ]

這一道菜的作法可說是非常新手入門級，只要把所有食材切塊，放入鍋中燉煮就行了，幾乎沒碰到什麼困難就完成了一鍋好香好濃的湯。

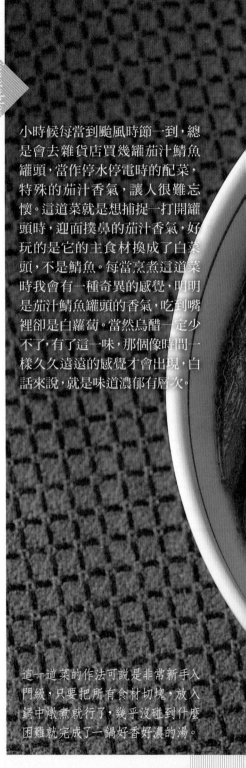

多了洋蔥，湯汁口感更為濃郁，白蘿蔔燉得軟爛好入口。

煎得香酥的麵腸，口感好像花枝，蠔油烏醋好入味。

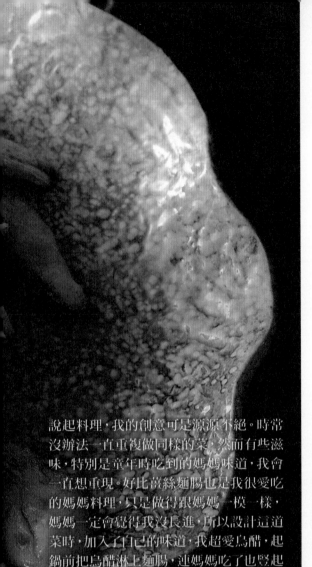

# 薑絲烏醋麵腸

## 五十年代的台灣農村小菜重現江湖！

說起料理，我的創意可是源源不絕。時常沒辦法一直重複做同樣的菜，然而有些滋味，特別是童年時吃到的媽媽味道，我會一直想重現。好比薑絲麵腸也是我很愛吃的媽媽料理，只是做得跟媽媽一模一樣，媽媽一定會覺得我沒長進，所以設計這道菜時，加入了自己的味道，我超愛烏醋，起鍋前把烏醋淋上麵腸，連媽媽吃了也豎起大拇指說讚呀！

這道菜作法的特別之處在於先煎麵腸，然後下調味料，再一起拌炒出香氣。

這也是一道屬於雷蒙入門級的料理，非常好做且一定好吃，失敗率趨近於零。如果哪天想吃蔬食大餐，燙一盤青菜，再炒個薑絲烏醋麵腸，祭五臟廟已十分足夠。

材料 ········ 麵腸6條

調味料 ········ 嫩薑187.5克、蠔油4c.c、蔥2支、烏醋7c.c.、香油3c.c.

### 準備

薑切絲，蔥切段。

### 作法

01 ········ 麵腸切斜片，放入鍋中煎至金黃色。

02 ········ 再加入薑絲、蔥段拌炒，最後滴蠔油、香油。

03 ········ 上桌前再淋上烏醋、香油。

茄子的營養成分很高，平常只要燙一下茄子，淋上蒜頭醬油，便是一道簡便又營養的家常料理。想吃到滋味不同的茄子，可以試試醋，醋讓茄子的味道更為跳躍，加入蘋果泥則是讓口感更有變化。用九層塔調味的主廚醬汁，使食物香氣更為濃烈，醋的酸味也讓軟Q的茄子吃起來風情萬種。

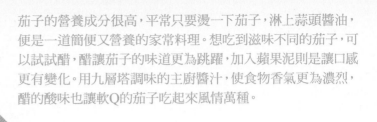

蔬食

Vegetables

## 蘋果醋茄子

加點醋，讓茄子在舌尖跳舞！

材料 ……… 茄子2條
醬汁 ……… 黑豆桑天然手工蘋果淳50c.c.、蘋果半顆、
蔥1根、蒜頭2瓣、辣椒1根、九層塔葉些許、
醬油15c.c、香油3c.c.

### 準備

01 ……… 蘋果磨成泥備用。
02 ……… 蔥、辣椒、九層塔切成細末備用。

### 作法

01 ……… 醬汁製作：蘋果淳加入醬油、香油、蘋果泥和蔥、
辣椒、九層塔細末。
02 ……… 蒸熟茄子，切段後擺盤，淋上醬汁即可食用。
[ Tips ……… 使用一般蘋果醋亦可。 ]

汆燙後脆脆的過貓菜末，
與醬汁融合後，
充滿辣豆腐乳的特殊香氣，
酸辣很夠味。

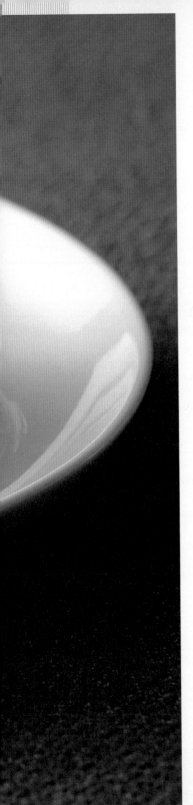

曾經我的日本朋友對我說，他每次來台灣玩，總是愛吃用豆腐乳做的菜，像是腐乳高麗菜、腐乳空心菜。有回心血來潮，在家做了幾道小菜，帶到他下榻的旅館，陪他一起喝酒聊天。

醬汁的主要食材是辣豆腐乳，我喜歡用食物調理機把所有材料打成泥，一方面很簡便，一方面很入味。

當然，這裡也要展現本書常用的雷蒙老師塑形手法。永遠記得小時候媽媽有次煮蛋炒飯，端給我們吃之前，她心血來潮，把飯做成了一個漂亮的半球體，因為很簡單，後來我連吃白飯的時候，都自己做。就是拿個飯碗，在碗中沾點兒水，再把炒飯盛到碗中，然後把飯碗倒扣在盤子上，飯從鬆散的變成一個固體。第一次看到時印象非常深刻，原來可以這樣吃飯，後來我也把這樣的方法，運用到各種食材。只要把食材切細，便很容易塑形，而且我還百玩不厭，聰明的讀者你也可以試各種不同的造型喔。

蔬食 Vegetables

## 腐乳過貓菜

立體擺盤的過貓菜，吃起來清爽有層次。

這道菜也可說是第一次做成功率百分百的好食譜。只要採買自己喜愛的辣豆腐乳，製作出來，便是一道家人朋友讚嘆有加的蔬食料理。

材料 ········ 過貓菜300克、蔥2根、日本七味粉適量
醬汁 ········ 辣腐乳2塊、白醋10c.c.、蒜頭3瓣、炭
　　　　　　道橄欖油10c.c.、香油2c.c.

## 準備

01 ········ 蔥白切細絲待用。
02 ········ 過貓菜燙熟後，冰鎮擰乾，切細末備用。

## 作法

01 ········ 將醬汁材料用果汁機打成泥。
02 ········ 燙熟的過貓菜加入醬汁均勻攪拌，用模具塑型。
03 ········ 灑上蔥白絲、些許七味粉即可。

# 麻辣檸檬醋山蘇

大膽一下，
多了蒜味花生，
無敵香。

山蘇清脆芳香，配上辣味花生和檸檬醋，有種泰式口感。

材料 ········ 山蘇300克、蒜味花生75克、辣椒3根、蒜頭2瓣、蔥1根、檸檬1顆
調味料 ········ 黑豆桑天然手工檸檬淳50c.c.、昆布醬油8c.c.、香油2c.c.、炭道橄欖油5c.c.

## 準備

山蘇燙熟後，冰鎮備用。

## 作法

01 ········ 醬汁製作：蔥、蒜頭、辣椒切成細末，和醬汁拌勻，並滴檸檬汁。

02 ········ 將山蘇擺盤，灑上蒜味花生，淋上醬汁即可。

[ Tips ········ 使用一般檸檬醋亦可。]

花菇、薑和鮮奶譜出美妙的香氣，
吃下一口娃娃菜的清香襲人。

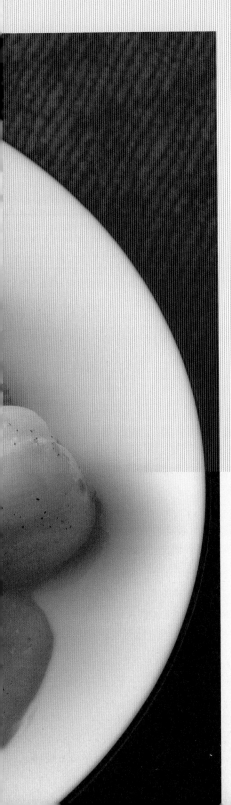

# 鮮奶油娃娃菜

用奶油爆香薑片，
薑的香氣好溫暖。

材料 ……… 娃娃菜1包、牛奶150c.c.、奶油5克、薑片6
片、花菇12朵、炭道岩鹽5克、黑胡椒2克、水
100c.c.、太白粉適量、蛋白1顆

作法

01 ……… 以奶油爆薑片至香味四溢，加入鮮奶、水、岩
鹽、黑胡椒粉，放入娃娃菜跟花菇。

02 ……… 接著放進電鍋燉至娃娃菜熟爛，撈起擺盤。

03 ……… 再將燉菜的湯汁勾薄芡，並加入蛋白，最後
淋在娃娃菜上即可。

## 和風美人腿

### 偶爾將食材變形一下，有意想不到的樂趣！

蔬食

*Vegetables*

擔任家廚時期對我來說是一項挑戰，三代同堂的家人可說是我的客人，他們每天吃我煮的菜。如果客人天天上門，廚師要煮出讓客人不生厭的菜，還真難。每天有不同的家庭成員一起吃飯，考量到每個人的喜愛，隨著節氣變換菜色，料理是家常的，卻須有不著痕跡的精緻，綿延二百多年的台灣大家族風範，在此顯現。

有天，原訂在外應酬的老爺，臨時改變主意回家吃飯，據祕書回報離回家吃飯僅有短短的三十分鐘。這下子我馬上進入備戰狀態，把冰箱還可用的食材都拿出來變化，而筊白筍昨天才用來入菜，於是心生一計，把筊白筍切成長方形，外頭用菠菜葉包起來，完全看不出來是筊白筍，佐以和風醬汁，沖淡台味。

匆忙的時候，不妨檢查一下冰箱裡的食材，哪些可以變形一下，也會有新鮮的口感喔。

這道菜也相當好料理，成功率也是近百分之百，想唬人，就把筊白筍切成長方形，也可以隨著心情變化，看要切成什麼形狀，只要包裹時露出筊白筍的顏色，也可以達到相同的效果。燙菠菜時，小心不要燙過熟黑掉，包裹在筊白筍外面就不好看了。

乍看這長方體還不知道是什麼食材，還以為是豆腐，吃下口後，才知道是茭白筍。

材料 ……… 茭白筍4枝、菠菜葉12葉、韭菜少許、和風醬15c.c.、小番茄3顆

準備

01 ……… 菠菜葉、韭菜燙過後冰鎮備用。

02 ……… 茭白筍帶殼燙熟後冰鎮，切成長方形備用。

作法

以菠菜葉包捲切好的茭白筍，再用韭菜綁
好，擺盤後淋上和風醬，小番茄可當擺飾。

即使沒有辦法捲成冰淇淋的形狀，豪邁地盛在麵碗吃也是很OK的。使用豬油和沒有使用豬油香氣真的有差別，哪天特別有空，上一趟菜市場買些豬油皮，至於如何炸，可使用google這個好幫手，或是請較媽媽。

# 特調綠茶麵線

蔬 Vegetables

蔬食

喝過抹茶拿鐵的你，
應該也會愛上這款麵線。

材料 ········· 綠茶麵線225克、蔥2枝、豬油少許、蒜片2瓣
醬汁 ········· 玄米綠茶湯約5克、綠茶粉3克、炭道橄欖油
5c.c.、昆布醬油5c.c.

準備
蒜片磨成泥，以豬油爆香備用。

作法
01 ········· 麵線煮熟後拌上蒜泥、醬汁。
02 ········· 最後灑上蔥花，即可塑型擺盤上桌。

[ Tips ········· 示範品使用的是〈麵本家滿壽多圓綠
茶麵線〉，使用一般白麵線亦可。若沒
有豬油可使用一般的食用油。 ]

蔬食

# 梅醋花生醬麵線

細麵線和梅醋特別麻吉，最適合夏天享用。

材料 ……… 小黃瓜1條、蛋1顆、蔥1枝、海苔絲1克

醬汁 ……… 黑豆桑天然手工梅子淳50c.c.、橄欖油5c.c.、花生醬5克、
昆布醬油5c.c.

### 準備

01 ……… 麵線燙過冰鎮備用。

02 ……… 小黃瓜切細絲備用。

03 ……… 蛋煎成薄皮切絲備用。蔥切成蔥花備用。

04 ……… 將醬汁材料拌勻備用。

### 作法

01 ……… 將醬汁淋在麵線上。

02 ……… 再將小黃瓜絲、海苔絲一起擺放，最後灑上
蔥花即可。

細細的麵線裹著梅醋、蛋絲、黃瓜絲，還有花生的香氣，
只是一碗麵，卻好幸福呢！

三、肉類料理

肉類料理入門款有烤香椿雞胸肉、牛絞肉煎蛋、紅麴炸豬排、韓風曲醃烤雞。宴客時可以燉一鍋雞湯像是金華火腿烏骨雞湯，或是南薑土雞湯。心情特好，有空逛傳統市場時，可買鴨肉煮南瓜鴨肉泥湯。

# 蘋果醋雞絲涼麵

肉 Meat

一道非常標準的低卡美味料理。

材料 ……… 熟雞胸肉150克、蘋果1顆、小黃瓜1條、蔥1根、日式七味粉適量、海苔1片、油麵1份

醬汁 ……… 黑豆桑天然手工蘋果淳50c.c、花生醬50克、昆布醬油5c.c.

## 準備

01 ……… 熟雞胸肉撕成絲備用。

02 ……… 小黃瓜、蘋果切細絲備用。

03 ……… 海苔剪成細絲備用。

04 ……… 醬汁調好備用。

## 作法

01 ……… 油麵下水燙一下濾乾,盛於大碗中。

02 ……… 再把小黃瓜絲跟蘋果絲擺於麵上。

03 ……… 淋上醬汁,最後灑上蔥花及海苔絲。

攪一攪，拌一拌有口感的油麵，沾附醬汁和蔬果絲，清脆入喉。

老師獨創的先烤再刷法，一方面讓雞肉散發出香氣，另一方面也不會調味過重。而老師常愛用紅蔥頭調味，也增添料理的懷舊滋味。

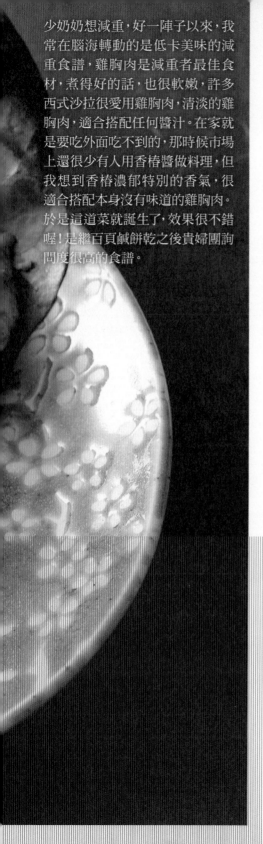

少奶奶想減重，好一陣子以來，我常在腦海轉動的是低卡美味的減重食譜，雞胸肉是減重者最佳食材，煮得好的話，也很軟嫩，許多西式沙拉很愛用雞胸肉，清淡的雞胸肉，適合搭配任何醬汁。在家就是要吃外面吃不到的，那時候市場上還很少有人用香椿醬做料理，但我想到香椿濃郁特別的香氣，很適合搭配本身沒有味道的雞胸肉。於是這道菜就誕生了，效果很不錯喔！是繼百頁鹹餅乾之後貴婦團詢問度很高的食譜。

# 烤香椿雞胸肉

少奶奶減重定番料理，吃多了也不會有罪惡感。

材料 ……… 雞胸肉1個
醬汁 ……… 香椿醬75克、蒜頭37.5克、昆布醬油10c.c.、香油適量、生蛋黃1顆、紅蔥頭2顆

## 準備

將醬汁中的所有材料用果汁機打成泥。

## 作法

**01** ……… 雞胸肉先切薄片，約1公分厚，進烤箱溫度為190度，烤至7分熟。

**02** ……… 接著將醬汁刷在雞胸肉上，正反面各刷3次。

**03** ……… 再入烤箱，烤至金黃色即可。

# 豪門白斬雞

讓辜濂松三餐吃不膩的獨門白斬雞。

白斬雞是一道平凡的家常料理,不過越簡單的菜越難料理,沒有多餘的調味料,完全以食材和烹煮手法一決勝負。我的白斬雞作法源自於母親,小時候逢年過節,母親會做白斬雞,母親做的常比外面的餐廳好吃。後來我成了餐廳廚師,才瞭解原因,那時餐廳為了讓客人吃了不拉肚子,多半用煮滾的水煮雞肉,煮起來多半硬邦邦。母親做的很不一樣,小時候家在南部鄉下,大家都會養雞養鴨,因此取用的是自家養大的雞,光是食材就很新鮮,加上母親採用經驗累積出來的「半煮半泡」法,也就是等鍋裡的湯水變涼,再直接開火加熱。後來我當了廚師之後,自己發展出一套熱泡法,還蠻接近現在流行的低溫烹調,採用這個方法來煮雞肉可以讓肉質不爛,吃起來QQ的,甜度高。

在家吃到的雞肉，經常水準不一，
大部分的時候都是柴柴的，
這次在老師的示範現場，
終於吃到了夢幻逸品白斬雞，
深刻體驗到為何這道菜還能流傳江湖之中，
只要雞肉夠新鮮，
用老師的方法煮出來的白斬雞，
絕對吃得到鮮甜軟嫩的滋味。

材料 ……… 新鮮雞1隻、蒜頭3瓣、辣椒2根、水大約1500c.c.～2000c.c.(須可
　　　　　以浸泡整隻雞於鍋中)
調味料 ……… 醬油20c.c.、米酒120c.c.、岩鹽35克(適量)、香油適量
沾醬 ……… 醬油、辣椒、香油各適量

## 準備

**01** ……… 先將開水放入鍋中煮沸。
**02** ……… 辣椒切成末備用。

## 作法

**01** ……… 去除雞的內臟並以清水洗淨全身,有雜毛可用夾子拔除。
**02** ……… 將整隻雞浸泡至鍋中(水一定要蓋過雞身),輕輕蓋上鍋蓋,熄
　　　　　火浸泡8至10分鐘。
**03** ……… 撈起雞,將鍋中水再煮沸一次,重新把雞放入鍋中,浸泡6至8
　　　　　分鐘。
**04** ……… 以筷子插入雞腿部位,看看是否沾有血水,若是沒有便可撈
　　　　　起。也可檢查雞腳筋處是否有爆開,這是最重要關鍵,爆開代
　　　　　表雞已煮熟。
**05** ……… 用米酒跟鹽巴抹勻整隻雞,放約30分鐘就可剁後盛盤上桌。
**06** ……… 醬油、辣椒末及香油調成沾醬。

# 金華火腿烏骨雞湯

肉　Meat

這一道華麗湯品，溫暖了小公主的心。

老師示範當天寒流來襲，大夥兒總覺得不夠暖，這燉湯一起鍋，每人爭相添湯，沒想到只靠食材熬煮出來的味道，如此的濃郁迷人，老師說這湯只要食材夠正，有耐心就能燉出一鍋好湯。

剛出閣準備懷孕的小姐回家吃晚飯，夫人特別叮嚀燉煮一鍋雞湯。最適合的雞湯莫過於以干貝熬煮的烏骨雞湯，這道湯品歷史悠久，變化也很多。像是添加竹筍的烏骨雞湯便是一道清爽的湯品，適合春天品嚐。寒氣甚長的冬天，則可添加金華火腿，讓口味更為濃郁，層次更為豐厚，喝起來加備暖心。

不管是大女生小女生，想要有如公主般被寵愛的感覺，請燉煮這道湯品吧！特別是寒流來襲的冬日夜晚，徐徐喝下，真是撫慰人心呀！

基本上費心思去買新鮮的烏骨雞肉，這道菜就成功了一半。另外，新手會面臨的難題是如何把完整一隻雞肢解成16塊，買雞肉時，可以請商家幫忙，這是一個方法。若是有興趣學習，坊間也有出版類似的書，或是請教google一下，網路上亦有部落客提供相關資訊。

材料 ……… 金華火腿約225克、烏骨雞1隻、竹筍2枝、干貝8顆

## 準備

**01** ……… 烏骨雞洗淨切塊(約16塊最好)後汆燙。

**02** ……… 金華火腿切丁。竹筍切塊。干貝熱水泡開。

## 作法

將烏骨雞塊與金華火腿丁、竹筍塊、干貝一起燉煮1小時，熬出味道即可品嘗。不必加任何佐料。燉到湯汁呈牛奶顏色，便可起鍋上菜囉。

[ **Tips** ……… 不必添加任何佐料。]

Meat 肉

# 南薑土雞湯

祛寒補氣首選中的首選，嚴冬時必來一碗。

南薑是很好的食材，十年前曾經設計過一道湯品「南薑益氣湯」，運用南薑及龍眼乾熬煮，可促進新陳代謝，很適合手腳冰冷的女生。

小時候媽媽的廚房常常會傳來陣陣藥燉補品的味道，我不愛吃補品，很怕中藥的味道，長大後，我在設計料理時，也盡量不要以藥材入菜，卻又能達到養生的效果。這道湯品我用了巴西蘑菇，巴西蘑菇的特殊香氣，一般人的接受度很高，搭配適合食療的南薑，可以取代中藥味重的祛寒湯品。

材料 ……… 南薑約225克、巴西蘑菇約110克、土雞1隻、岩鹽適量、米酒50c.c.

### 準備

土雞洗淨切塊後氽燙。巴西蘑菇洗淨備用。

### 作法

將土雞塊下鍋，跟南薑、巴西蘑菇以小火熬煮約45~50分鐘。直至巴西蘑菇的香味溢出，加入岩鹽及米酒，即可食用。

[ Tips ……… 南薑可在中藥行買到。或比較大的蔬果批發市場。]

肉 Meat

黑麥啤酒雞湯

冰箱沒台啤，黑麥啤酒也行

材料 ……… 黑麥啤酒3罐、雞1隻、蒜頭20瓣、岩鹽5克
醬汁 ……… 芝麻醬3c.c.、昆布醬油10c.c.、酵素適量(水果酵素猶佳)

### 準備

雞洗淨切塊，約為16塊大小適中，汆燙後備用。

### 作法

01 ……… 將黑麥啤酒倒入鍋中，加入雞肉塊、蒜頭粒、
        岩鹽燉煮35分鐘。

02 ……… 吃時可沾醬汁更增添風味。

材料 ‥‥‥‥ 牛絞肉300克、蔥1支、納豆1盒、蒜泥
　　　　　　 花生40克、西生菜1顆、蛋黃1粒
醃料 ‥‥‥‥ 蛋1顆、醬油8c.c.、胡椒粉適量、太白
　　　　　　 粉適量

Meat 肉

# 生菜納豆牛肉鬆

以鮮美的牛肉來試試！

還想嘗試納豆的不同風味，

## 準備

生菜撥片洗淨拭乾水份，等下用來包納豆牛肉鬆食用。

## 作法

**01** ‥‥‥‥ 牛絞肉稍微醃一下，下鍋炒熟。

**02** ‥‥‥‥ 撈起後加入蔥花、納豆、生蛋黃、蒜泥花生攪
　　　　　　 拌一下，即可以生菜包裹食用。

第一口是滑潤順口的牛肉鬆，接著是香脆的花生米和細緻的蔥香，很耐吃。

煎得紮實香氣四溢的牛肉大蛋堡，讓早起很值得。

比牛肉漢堡更好吃營養，補充元氣的超級早餐！

Meat 肉

# 牛絞肉煎蛋

材料 ……… 牛絞肉150克、蛋4顆、蔥2支
醬料 ……… 醬油3c.c.、太白粉適量、胡椒粉
適量

## 準備
蔥切成蔥花備用。

## 作法

01 ……… 牛絞肉以醬料先醃一下，炒至半熟盛入
大碗。

02 ……… 接著打入雞蛋，再加蔥花拌勻，再放回
熱鍋煎至金黃色即可。

Meat 肉

## 炒紅酒洋蔥牛肉

加點港式醬汁，頗有懷舊西洋料理的味道。

材料 ……… 牛肉約225克、洋蔥1顆、蔥1支、蒜頭2瓣

醬料 ……… 紅酒350c.c.、太白粉少許、蠔油5c.c.、蛋1顆

準備

洋蔥切條狀備用。

作法

01 ……… 牛肉切細條狀，約1公分，用醬料稍醃一下，醃好後過熱油至半熟。

02 ……… 洋蔥條以慢火輕炒至香味溢出，加入醬料，慢慢炒，收乾湯汁。

03 ……… 然後加入過油牛肉，翻炒兩下即可。

中式快炒風的牛柳有薄酒萊般的清新香氣，入口卻依然濃郁。

一口牛菲力‧一口泡過蘋果醋的蔬菜，越吃越順口。

# 牛菲力佐蘋果醋時蔬

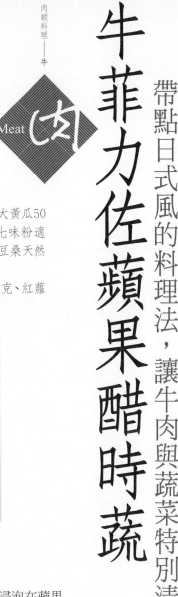

Meat 肉

帶點日式風的料理法，讓牛肉與蔬菜特別清爽有味。

材料 ……… 牛菲力2片、蒜頭6瓣、大黃瓜50克、紅蘿蔔30克、日本七味粉適量、昆布醬油少許、黑豆桑天然手工蘋果淳些許

副材料 ……… 蘋果1顆、大黃瓜50克、紅蘿蔔30克適量

## 準備

01 ……… 蘋果、大黃瓜、紅蘿蔔切片，然後浸泡在蘋果淳中備用。

02 ……… 蒜頭切片備用。

## 作法

01 ……… 爆香蒜片，放入牛菲力煎至六分熟，取出切片備用。蒜片亦取出備用。

02 ……… 將浸泡於蘋果淳的副材料取出，和牛菲力切片一起擺盤。

03 ……… 最後灑上七味粉。

Meat 肉

# 火龍果桑椹醋溜牛柳

水果入菜新選擇，不再只有芒果和蘋果！

材料 ········ 牛肉375克、黑豆桑天然手工
桑椹淳30c.c.、火龍果半顆
（果肉白或紫紅色均可）、蠔油
15c.c.、糖1克、蔥1根、蒜頭2
瓣、香油3c.c.

醃料 ········ 醬油、蛋1顆、太白粉8克

準備

01 ········ 牛肉切條狀以醬汁醃約15分鐘。

02 ········ 火龍果切條狀備用。

作法

01 ········ 醃過的牛柳過油至七分熟備用。

02 ········ 將蔥、蒜頭、辣椒下鍋爆出香味，再淋上蠔油、
糖翻炒。

03 ········ 接著放入牛柳、桑椹醋及香油，翻炒兩下即可
上桌。

[ Tips ········ 下鍋後從表面還能看到血跡便為7分熟。 ]

火龍果肉讓牛柳顏色鮮豔欲滴，
天然果酸口感和桑椹醋意外的合諧。

薑片用了話梅、梅醋、梅粉醃漬過相當入味，比粉紅色薑片搭配起牛肉更順口。

Meat 肉

# 梅粉醋薑拌牛肉片

善用梅子相關調味，料理更加分。

材料 ……… 牛肉片一盒、嫩薑300克、梅粉15克、黑豆桑天然手工梅子淳50c.c.、話梅8顆、炭道岩鹽5克、香油5c.c.、太白粉15克、蛋1顆、昆布醬油5c.c.

## 準備

**01** ……… 梅粉醋薑片：薑切薄片以鹽巴醃軟，洗淨去辛辣味擰乾，加入話梅、梅粉跟梅醋浸泡5分鐘。

**02** ……… 牛肉片以蛋汁、太白粉、昆布醬油醃漬20分鐘備用。

## 作法

**01** ……… 醃製好的牛肉片以滾水燙熟，放涼備用。

**02** ……… 將牛肉片及梅粉醋薑片一起放入碗中，攪拌後放置15分鐘，即可盛盤。

## 白滷味

Meat 肉

搭配不同調味的沾醬，吃來清爽順口。
看似家常的白滷味，
和擺在家裡阿嬤留下來的古早盤，
非常對味。

滷味可說是台灣的國民美食，也是家庭最常見到的
料理之一，滷一鍋滷蛋，豆乾，配上鮮蔥就是可口的
家常菜。白滷味是我的突發奇想，如果不用醬油來
滷，會是怎樣？於是誕生了白滷味，我的白滷味滷汁
除了以鹽取代醬油，還用上大量的蒜頭，大量的米酒
當底，蒜頭要多，才能滷出蒜香，而最重要的是沾醬
的搭配。不管是豬腳、大腸頭、豬肚都有各自專屬的
沾醬，這樣吃起來不會無趣。

【豬腳篇】

| 材料 | ……… | 豬腳一隻、蔥300克、薑蒜各300g、開水1000c.c. |
|------|------|---------------------------------------------|
| 滷汁 | ……… | 米酒1瓶、鹽225克、蒜頭300g、高湯2罐 |
| 沾醬 | ……… | 白醋50c.c.、蒜頭140g、香菜70克、香油少許、昆布醬油3c.c. |

## 準備

**01** ……… 洗淨豬腳,並剁塊。

**02** ……… 沾醬製作:將白醋、蒜頭、香菜、蔥、香油及昆布醬油放入食物調理
機打成泥即可。

**03** ……… 滷汁製作:高湯加入米酒、蒜頭、鹽煮沸後備用。

## 作法

**01** ……… 鍋內開水煮沸,將剁好的豬腳下鍋,續放入蔥、薑、蒜及米酒,煮熟
豬腳,這道步驟可以去除豬腳的腥味。

**02** ……… 再將豬腳浸泡於滷汁中,滷至入味有嚼勁。

**03** ……… 冰鎮至少半小時,便可切塊,搭配醬汁食用。

材料 ……… 清乾淨的大腸頭3條、蔥300克、蒜頭300克、薑225克、開水1000c.c.
滷汁 ……… 米酒1瓶、鹽225克、蒜頭300g、高湯2罐
沾醬 ……… 辣豆腐乳3塊、蒜頭適量、白醋30c.c.、蔥尾綠色部分、少許切片薑絲

### 準備

**01** ……… 洗淨大腸頭。

**02** ……… 沾醬製作：豆腐乳跟蒜頭、白醋還有蔥尾綠色部分，
用食物調理機打成泥。

**03** ……… 薑可先切成薑絲。

**04** ……… 滷汁製作：高湯加入米酒、蒜頭、鹽煮沸後備用。

### 作法

**01** ……… 將大腸頭下鍋，水中加蔥、薑、蒜、鹽及米酒，煮熟後即可撈起。
這道步驟可去除大腸頭的腥味。

**02** ……… 浸泡於滷汁中，滷至入味有嚼勁。

**03** ……… 冰鎮至少30分鐘後，切片擺盤，放上薑絲，搭配沾醬食用。

材料 ········ 豬肚一副、蔥150克、蒜頭225克、薑150克
滷汁 ········ 米酒1瓶、鹽225克、蒜頭300g、高湯2罐
沾醬 ········ 薑、岩鹽適量

## 準備

**01** ········ 洗淨豬肚。

**02** ········ 沾醬製作：薑以食物調理機打成泥，用油爆香後，
添加少許岩鹽。

## 作法

**01** ········ 將豬肚下鍋，水中加蔥、薑、蒜、鹽及米酒，煮熟
即可撈起，這個步驟可去除腥味。

**02** ········ 浸泡於滷汁中，滷至入味有嚼勁。

**03** ········ 冰鎮至少30分鐘後，切片擺盤，放上薑絲，搭配
沾醬食用。

添加紅麴醬後瓜仔肉的特殊甜味，讓人可以多吃幾碗飯。

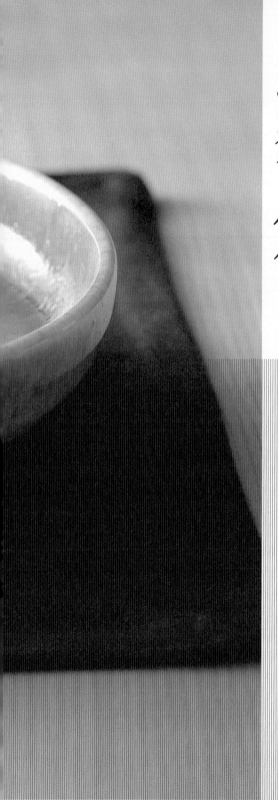

Meat 肉

# 紅麴瓜仔肉

讓童年鹹香的懷念味道多一股甘甜。

材料 ……… 紅麴醬50克、絞肉
300克、蔭瓜2片、
蛋1顆、香油少許、
香菜些許

準備
蔭瓜用湯匙壓成泥狀。

作法
**01** ……… 絞肉加入紅麴醬、
蔭瓜泥、蛋、香油拌
勻。
**02** ……… 下蒸籠蒸熟，後灑
上一些香菜即可上
菜。

# 肉 Meat

## 芋頭絲糕

不加在來米粉，完全以芋頭決勝負！

我很愛乾淨，總愛把自己弄得清清爽爽，因此第一次見到我的人，很難相信我是一位專業廚師。不知道為什麼很多人對廚師的刻板印象，停留在肥滋滋，衣服滿佈菜渣油漬。然而真正有水準的廚師，衣服一定是乾乾淨淨的，想想在混亂如戰場的廚房，還能保持一塵不染，可見這位廚師多麼有組織、有效率，如此也才能做出讓人讚嘆的料理。

可曾想過平常在自家廚房做菜的妳？給人什麼印象呢？是煮完菜人看起來亂七八糟，還是煮完菜依然光鮮亮麗呢？我相當崇拜一位阿姨，她是媽媽的好朋友，今年快七十歲了，從小我沒看過她邋遢的樣子，即使再怎麼忙(她可是要煮飯給員工還有一大家子人吃呢！)，廚房依然整潔有序，煮出來的菜以我現在的功力來評分，也相當高。

前陣子去拜訪她，她還煮了一頓好吃的料理給大家享用。煮完後她馬上回房間換了衣服，優雅的到飯廳和大家一起吃飯聊天。看著阿姨這樣的女性我常想著，如果姨丈還在世上，應該還是會被阿姨迷倒吧！

想想我們上一代的長輩，應該有許多相當注重廚房的女性吧！我常覺得這樣的女性最有魅力了，所以我把那天吃到的芋頭料理做了變化，以這道菜向阿姨致敬。

切成絲狀的芋頭蒸後清香撲鼻，添加紅蔥頭絞肉吃起來更夠味。

材料 ……… 新鮮芋頭1顆、乾荷葉1張、香菜些許
醬料 ……… 紅蔥頭150克、絞肉225克、蝦米37.5克、糖5克、
　　　　　　米酒30c.c.、胡椒粉適量

## 準備

**01** ……… 芋頭去皮切絲待用，切成大約0.5公分細絲。

**02** ……… 乾荷葉先浸泡於溫水中待軟即可使用，小心不讓荷葉破損。


## 作法

**01** ……… 紅蔥頭切細，跟絞肉、蝦米及其他配料一起拌炒成醬料。

**02** ……… 把浸泡在水裡的乾荷葉，用紙巾壓乾水份，鋪在蒸籠裡。

**03** ……… 把芋頭絲放進去，放上作法1，蒸熟上菜前再把香菜放上。

又甜又酸的梅醋醬汁，糖醋排骨更加分！

肉類料理——豬

Meat 肉

# 梅醋排骨

| 材料 | ……… | 排骨300克、話梅12顆、黑豆桑天然手工梅子淳80c.c.、糖40克、醋精15c.c.、香油少許、蒜1枝 |
| 醃料 | ……… | 蛋1顆、醬油5c.c.、酥炸粉20克 |

## 準備

**01** ……… 排骨切塊後，以醃料醃漬15分鐘。

**02** ……… 話梅跟梅子淳浸泡10分鐘備用。

## 作法

**01** ……… 將排骨下油鍋炸至金黃色，盛起備用。

**02** ……… 將梅子淳、醋精、糖一起下鍋，再加水30c.c.，稍微收乾，然後勾芡。

**03** ……… 續再放入排骨翻炒，滴幾滴香油，即可上桌。

先炸過的排骨裹著梅醋醬汁，吃來口感酥脆，酸甜梅香四溢。

蠔油讓牛蒡絲、里肌條很入味，一硬一軟的食材搭配，嚼起來很過癮。

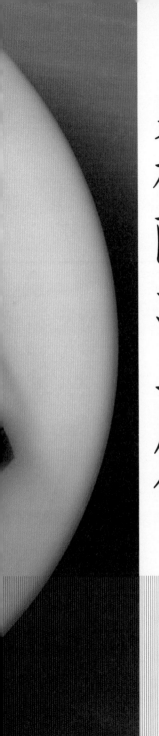

肉

Meat

# 桑椹醋溜里肌條

加了水果醋和牛蒡絲，不用擔心多吃很油膩。

材料 ……… 黑豆桑天然手工桑椹淳60c.c.、里肌肉225克、牛蒡60克、蠔油5c.c.、香油少許、糖3克、蔥1根、蒜頭2瓣、辣椒1根、米酒10c.c.、水30c.c.

醃醬 ……… 醬油5c.c.、蛋1顆、太白粉15克

## 準備

01 ……… 里肌肉切條狀，以醃醬醃漬約15分鐘。

02 ……… 牛蒡切細絲備用。

## 作法

01 ……… 醃漬好後的里肌條過油備用。

02 ……… 將蔥、蒜、辣椒下鍋爆香，淋上蠔油、米酒及水拌炒。

03 ……… 放入牛蒡細絲及里肌肉條，快速翻炒，最後滴幾滴桑椹醋及香油即可。

Meat 肉

# 奇異果起司炸肉丸

小朋友乖乖坐在餐桌前，最引頸期盼的一道菜。

材料 ……… 絞肉300克、奇異果3顆、蔥1根、白花椰菜30克、起司絲50克、蒜頭2瓣、蛋1顆

醬料 ……… 起司粉20克、黑豆桑頂級黑金醬油8c.c、香油3c.c.、蒜頭適量。

## 準備

01 ……… 白花椰菜取花的部份切成末備用。

02 ……… 蒜頭磨成泥備用。

03 ……… 奇異果切片。

## 作法

01 ……… 絞肉加入醬料均勻攪拌，擠成肉丸後，下油鍋炸至八分熟撈起。

02 ……… 奇異果切片，上面放炸肉丸，續放上起司絲，烤至起司絲快溶化後，再灑上花椰菜末烤至金黃即可。

青菜水果豬肉通通有，起司烤起來香噴噴，超級營養。

加了蠔油拌炒的茄子肉燒，讓原本家常料理的口感瞬間升級。

# 茄子鑲肉

## Meat 肉

烏醋是這道料理的靈魂，千萬不要忘記！

這道菜也是媽媽們很愛做的料理，很多人不愛單吃茄子，覺得口感軟軟的有點噁心。茄子是很好的蔬菜，含有維他命P、B2、B1、鐵、鈣等營養成分，可防止血管硬化。因此常常出現在餐桌上。

做茄子鑲肉時，請挑選飽滿肥大、有光澤的茄子，帶頭部份尚帶青白色才是新鮮的。

鑲肉時在茄子切斷的開口抹點太白粉水，再鑲上絞肉，炸時比較不容易脫落。

材料 ……… 茄子3條、絞肉225克、蔥2根、蒜頭2瓣、辣椒2根、蠔油6c.c.、
香油5c.c.、烏醋5c.c.、米酒15c.c.、醬油4c.c.

### 準備

**01** ……… 茄子洗淨切段。
**02** ……… 先立起茄段，垂直劃下一刀。
**03** ……… 尋找約占圓形面積三分之一處。
**04** ……… 再劃下第二刀。
**05** ……… 輕輕拉開，便可把肉鑲在缺口處。

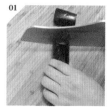

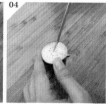

### 作法

**01** ……… 絞肉跟蛋汁、醬油拌好後鑲入茄段，接著茄段下
油鍋炸熟後盛起備用。
**02** ……… 將蔥、蒜和辣椒爆香，接著加入米酒、蠔油，此時
可將茄段放入鍋中，輕輕拌炒。
**03** ……… 淋上烏醋、香油即可上桌。

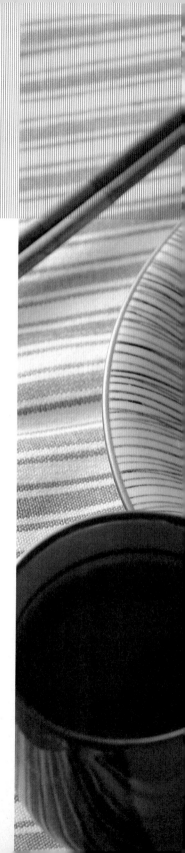

Meat 肉

# 紅麴炸豬排

炸物在家做最安心，用好油吃來不傷身。

常常有人說我做菜的速度相當快，或許因為我是學徒出身，練就了嫻熟的基本功。在宛如戰場的餐廳廚房身經百戰，磨鍊了我一進廚房就非常冷靜，心手合一，餐廳廚房的速度是大家無法想像的快，分秒必爭，稍有閃失，手中做的菜便不能上桌，只能丟到垃圾桶當廚餘。

日劇《料理新人王》對餐廳廚房有非常傳神的表現，當一個新人進入廚房，他看到的是一片混亂嘈雜，根本不知道自己要做什麼，而隨著他漸漸熟悉廚房的節奏之後，才能清楚看見每個人的動作。這一過程可長可短，端看自己的學習動力，記得剛到一家餐廳，師傅要我切高麗菜絲，正當我切得順手時，師傅突然走過來，一把搶走我的刀，當我看見師傅切得高麗菜絲和髮絲一樣細時，我已深受打擊，更何況師傅還數落我，切得是什麼東西，頓時覺得自己好渺小好無能。

廚藝世界一山還有一山高，我努力學習，希望自己可以爬過一山又一山，有一天當我看見自己也切得跟師傅一樣細的高麗菜絲時，我竟然不滿足還想切得更細。

以紅麴醃漬一天的排骨，炸後格外香酥入味，佐一口高麗菜絲相當清爽。

材料 ……… 豬里肌肉3片(每片約125～150克)、蛋2顆、太白粉30克、
高麗菜絲50克
醬料 ……… 紅麴醬30克、黑豆桑頂級黑金醬油10c.c.、白胡椒適量

**準備**

01 ……… 里肌肉拍軟後,以醬料醃製,放置冰箱一天。

**作法**

01 ……… 取出里肌肉沾上太白粉,再沾上打勻的蛋汁,
重複再沾一次太白粉,再沾一次蛋汁,最後
沾紅麴醬。

02 ……… 放入鍋中以小火油炸至酥黃,配上高麗菜絲
即可食用。

鴨肉顆粒鮮甜甘美，南瓜湯奶香柔順，是好做又相當好喝的濃湯。

# 南瓜鴨肉泥湯

兩種食材快打成泥，即興演出的驚艷湯品。

Meat 肉

材料 ……… 南瓜1/4顆、鴨胸肉1副、蔥頭1顆、鮮奶150c.c.、味淋30c.c.、岩鹽5克、黑胡椒2克、太白粉10克、蛋1顆、烏醋5c.c.

## 準備

01 ……… 生鴨胸肉直接打成泥備用。
02 ……… 南瓜用果汁機打成泥備用。

## 作法

01 ……… 鴨肉泥加入蛋及太白粉，均勻攪拌，過油炸成顆粒。(作法類似第124頁的紫高麗菜顆粒)
02 ……… 爆香洋蔥後加入鮮奶及水煮滾，再加上南瓜泥及鴨肉顆粒，以岩鹽調味。
03 ……… 勾芡後灑上黑胡椒粉、滴幾滴烏醋即可。

# 四、海鮮料理

海鮮料理入門款有梅醋涼拌花枝、玉菜鮑魚湯。

食譜裡介紹了鮭魚鬆的作法，應用很廣，

還有薰衣草鮮干貝、麻辣豌豆鮭魚鬆、甜菜根魚柳濃湯都有類似的手法，

做了第一次，以後就可以變化很多菜色。

剛煎好的干貝帶著吹彈可破的口感，
一點點鹽味讓干貝散發鮮味，
裹上油炸後的高麗菜泥，帶出菜的清香，
白醋讓即將入喉的醬汁，產生果酸般的餘韻，
主角薰衣草的香氣從頭到尾沒有間斷，
真是一道清新可人，
綿密悠遠，讓人愛戀的花料理。

「以花入菜」是我在廚房裡很愛玩的遊戲主題之一，這個料理遊戲很具挑戰性。在視覺上要能呈現及保持花材的色澤，烹調過程又要引出花的香氣，視覺和香氣必須協調一致。

最後送入口中的味覺也必須集其兩者大成，如此才堪稱完美。

常常我在開車的時候，是我腦子天馬行空的時間，總是幻想著哪些食材互相搭配可以碰撞出新的滋味，還有口感。這些點子經常源源不絕而出，還得把車子停在路邊，一一記下來，才不會丟掉靈感。

大部分的人用文字、圖象表達他們的情緒、情感，而我習慣用食材、用創意料理，來記錄生活。我的生活大部分都是開開心心的，因為我做菜給大家吃有三十多年了！做菜時，我常愛講冷笑話，反而不是滔滔不絕地說怎麼做這道菜，因為我深信料理人做菜時開心，那麼吃到這些菜的人也會很開心的。(吃過我的菜的人，都要大聲說對！！我們吃得很開心！而且好好吃！)

這道菜我用紫高麗菜泥加上白醋後產生的化學變化，呈現薰衣草浪漫的色澤感。使用高湯煮出薰衣草的香氣，濾掉薰衣草渣，為了不讓醬汁產生苦味。

# 薰衣草鮮貝

## 人氣女主人帶動話題的必備料理。

初看到食譜會嚇一大跳，不會吧薰衣草用這麼多，是要吃薰衣草嗎？而且薰衣草一點也不好吃，後來看了老師的示範之後，才知道事情不是笨人想得這樣。原來是要用薰衣草煮出香氣，而不是拿來直接吃。

這道菜的作法在整本食譜中算是段數很高的，光是要做油炸紫高麗菜泥，就讓人捏把冷汗，但是沒有想像中的難，即使第一次做，口感及味道上也不會太差，而且做了會上癮的，這一招一定要學會，雷蒙老師在這本書中常常用到這個工法，好比芋頭小魚羹、甜菜根濃湯、麻辣豌豆鮭魚鬆、薰衣草魚條羹、南瓜鴨肉泥湯。

材料 ……… 薰衣草112克、鮮貝8顆、紫高麗菜200克、白醋10c.c、蛋白3顆、太白粉30克、高湯300c.c.

## 一、紫高麗菜泥作法

01 ……… 紫高麗菜洗淨切絲。

02 ……… 用果汁機或食物調理機打成泥。

03 ……… 從果汁機倒出紫高麗菜泥，顏色仍是不變。

04 ……… 加入蛋白及太白粉，紫高麗菜泥變成藍紫色，接著均勻攪拌。

05 ……… 熱油鍋。

06 ……… 放入04然後以畫圓的動作攪拌，做出紫高麗菜顆粒。

07 ……… 持續攪拌。

08 ……… 隨著油溫升高顆粒會更明顯。

09 ……… 把紫高麗菜泥倒出濾油。

10 ……… 並以冷開水沖下洗去多餘的油脂。

11 ……… 紫高麗菜粒完成，放於一旁備用。

## 二、薰衣草高湯作法

01 ⋯⋯⋯ 放入高湯加熱煮沸。
02 ⋯⋯⋯ 加入適量薰衣草，煮出香味。
03 ⋯⋯⋯ 聞到香氣即可準備過濾薰衣草渣備用。

## 三、薰衣草醬汁

01 ⋯⋯⋯ 將薰衣草高湯重新放入鍋中煮沸。
02 ⋯⋯⋯ 加入紫色高麗菜泥攪拌均勻，最後淋幾滴白醋，顏色轉變成薰衣草紫。

## 四、煎干貝

鮮貝灑上海鹽，煎至金黃色。擺至盤中。

## 五、把薰衣草醬汁淋在鮮干貝上，即可食用。

# 鵝卵石礦物蝦

換個方式料理蝦，
樂趣多更多。

靠著石頭的熱度煮熟的沙蝦，
肉質鮮嫩甘美完全恰到好處。

每當我在廚房做菜，最喜歡無中生有，也很喜歡就地取材。因此我常成了採花大盜，或是採葉賊，生活中舉目所見的花花草草，常常是擺盤時，增添季節風味的重要加分小物。在日本的茶道流儀中，舉辦茶會邀請朋友來家中品茶，主人往往撿拾路邊惹人憐愛的小花小草，以巧手插於花器中，讓大家欣賞，這意義在於即便小花小草，人心也能讓其有美的風貌。

每次受邀擔任宴會主廚時，我常會先仔細觀察場地周圍環境，看看有哪些花草，可以讓我就地取材，有哪些我必須事先準備。趁著煮菜的空檔，我跑到庭院撿拾一片落葉，擺在盤子上，這樣料理就多了一份季節感受，有人問我，在廚房做菜這麼忙了，怎麼還有心思想這呢？這大家就有所不知了，去庭院摘朵花，撿一片落葉這跟料理食物一樣重要，也在料理食物的心思裡了。家裡有種花的讀者，不妨在花朵盛開的時候(不要覺得可惜)，摘下一朵來擺盤，雖然只是一個小小的動作，卻讓人很開心喔。

這道菜的鵝卵石，是去花蓮海邊撿拾的，正好拿來料理，附庸風雅一下。

材料 ········ 沙蝦225克、鵝卵石30顆
調味料 ········ 米酒半瓶、炭道岩鹽些許
沾醬 ········ 白醋15c.c.、白糖3克、薑75克

## 準備

01 ········ 洗淨石頭。
02 ········ 沾醬製作：薑先打成泥，加上白醋及糖拌勻。

## 作法

01 ········ 將鐵鍋或是沙鍋放進烤箱，烤至高溫約
　　　　　 250度，時間約20分鐘。
02 ········ 鍋子拿出後，先放石頭，再放蝦子，最後
　　　　　 再放石頭，蝦子才不會跳出來。
03 ········ 最後淋上米酒及加些許岩鹽，蓋上鍋蓋。
04 ········ 等蝦子顏色轉紅，即可享用。

精緻小巧的蝦餅，顏色炸得漂亮，吃來也好鮮美。

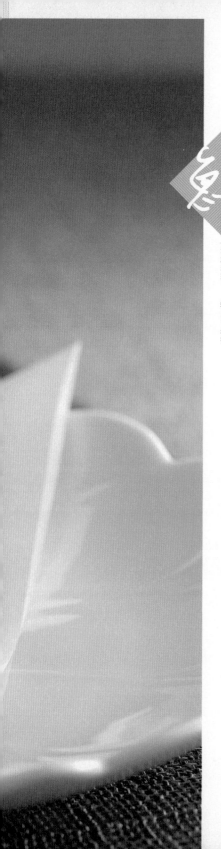

鮮 Sea

海鮮料理——蝦貝中卷蟹

# 茄子蝦餅

茄子料理再變化，搭配海鮮也好吃。

材料 ……… 西洋圓茄子1顆、蝦
仁300克、蔥2支、
蛋1顆

調味料 ……… 酥炸粉30克、香
菜1把、胡椒粉少
許、香油適量

## 準備

先用食物調理機或果汁機把蝦
仁打成泥狀備用。

## 作法

01 ……… 蝦仁泥中加入蛋、蔥花、少許酥炸粉、香油，
胡椒粉攪拌均勻。

02 ……… 茄子切成薄片，像夾三明治一般夾上調味好
的蝦仁泥，沾上酥炸粉，再黏上香菜葉。

03 ……… 油炸至金黃色就大功告成。

材料 ……… 明蝦6隻、麵線300克、蔥絲3克、
　　　　　　香油5c.c.

醃料 ……… 米酒5c.c.、岩鹽2克、蛋白一個、
　　　　　　太白粉2克

醬汁 ……… 洋蔥半顆、毛豆仁75克、酒釀
　　　　　　20c.c.、蕃茄醬15c.c.、黑豆桑
　　　　　　辣椒醬5c.c.

## 準備

01 ……… 明蝦洗淨取沙腸，腹部過刀
　　　　　痕，把筋切斷，剝去殼，用醃
　　　　　料醃一下備用。

02 ……… 洋蔥切細丁，備用。

03 ……… 麵線燙熟，備用。

## 作法

01 ……… 用麵線捲明蝦，下鍋油炸備用。

02 ……… 爆香洋蔥丁，加入酒釀、蕃茄醬、辣椒醬
　　　　　翻炒，續加毛豆仁煮一下。勾芡，滴幾滴
　　　　　香油，醬汁便大功告成。

03 ……… 把炸好的麵線明蝦擺盤，淋上醬汁，佐
　　　　　以蔥絲。

番茄酒釀麵線明蝦

海鮮料理—蝦貝中卷蟹

幫明蝦穿新衣，獨樹一格手路菜！

Sea

酥脆的麵線包覆彈牙蝦肉，番茄酒釀醬汁濃濃酸甜味，讓人愛不釋手。

一切開菜卷迸出鮮美的湯汁，
　　熱騰騰淺嚐一口，內餡清脆菜香濃郁。

海鮮料理——蝦貝中卷蟹

# 培根蝦仁玉菜卷

內餡改用海鮮很高檔，多一層培根味更豐。

材料 ……… 培根1包、高麗菜葉12片、荸薺6顆、蝦仁225克、蔥2根、蛋1顆、白胡椒少許、香油少許、炭道岩鹽3克

### 準備

01 ……… 高麗菜葉燙過後冰鎮備用。
02 ……… 荸薺打碎擰乾備用(或稍微用紙巾吸乾水分)。

### 作法

01 ……… 蝦仁打成泥狀，加入荸薺、蔥花、岩鹽跟蛋一起打勻。
02 ……… 用燙熟高麗菜包起蝦仁餡，再用培根包裹高麗菜卷，置於盤中。
03 ……… 放進蒸籠蒸熟後，從蒸籠取出，將湯汁倒進鍋中，滴幾滴香油，勾芡後淋在玉菜卷上即可。

# 烤中卷茄心起司

海鮮料理——蝦貝中卷蟹

〈～是茄子的茄，不是番茄的茄喔！

材料 ……… 中卷一尾、茄子1條、鮭魚卵4克

調味料 ……… 起司粉3克、起司絲5克、蔥1支、炭道岩鹽4克、蒜頭2瓣、醬油2c.c.

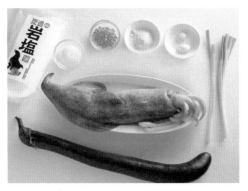

## 準備

中卷切短圈燙過冰鎮待用。茄子烤熟，取茄肉備用。蒜頭切細末拌成蒜頭醬油。

## 作法

01 ……… 取茄肉拌上起司粉及蒜泥醬油，再放入中卷圈裡，上面灑上起司絲，再擺上蔥花。

02 ……… 送入烤箱，溫度設190度，起司烤至金黃色即可取出。

03 ……… 取出後放點鮭魚卵。

烤過的中卷鮮香帶Q，配上蒜香濃郁的茄心起司泥，口中爆出的鮭魚卵汁，好豐盛。

裹上一層厚厚紅麴醬麵衣，花枝吃來香氣飽滿有嚼勁。

傳統紅麴醬炸海鮮，絕對要試的新組合。

鮮 Sea

海鮮料理——蝦貝中卷蟹

# 炸紅麴花枝條

材料 ……… 花枝一尾、蒜苗1支

醬料 ……… 紅麴醬四分之一罐、地瓜粉50克、
炭道岩鹽3克、白胡椒適量、蒜頭2
瓣、蛋1顆

作法

01 ……… 花枝洗淨切條，用紙巾稍微吸乾水分，加入
醬料稍微攪拌一下。

02 ……… 鍋放油加熱，放入花枝條，以小火炸至酥
黃，最後以蒜苗絲裝飾。

# 梅醋涼拌花枝

醋和海鮮是最佳拍檔，
泡過無子話梅的梅醋更濃郁！

鮮 Sea

海鮮料理──蝦貝中卷蟹

材料 ……… 花枝一尾、洋蔥半
顆、薄荷葉12片、小
番茄3顆、黑豆桑天
然手工梅子淳50c.
c.、香油2c.c.、昆布
醬油2c.c.、無子話
梅8顆、蒜頭2瓣、
辣椒1根、蔥2根

醬料 ……… 浸過話梅的梅醋、
香油、蒜泥、辣椒末

## 準備

01 ……… 洋蔥切絲泡冰水備用。
02 ……… 花枝切條狀，燙過備用。
03 ……… 小番茄切片備用。
04 ……… 蔥切細絲備用。蒜頭磨成泥備用。
05 ……… 梅子淳加無子話梅浸泡20分鐘。

### 作法

將燙好的花枝、洋蔥、小番茄和醬料拌一拌，
以薄荷葉點綴即可上桌。

梅醋讓中卷清香甜美，帶點酸味刺激食欲，搭配洋蔥絲增添口感。

簡單以老薑、黑麻油爆香燙熟的處女蟳，吃來肉質鮮醇，蟹膏豐腴，香氣逼人。

秋日名流小聚，餐桌上一定要有的極上美味。

# 麻油處女蟳

材料 ……… 黑麻油25c.c.、處女蟳1隻、
老薑約110克、米酒40c.c.

## 準備

處女蟳洗淨切塊備用。

## 作法

用老薑把黑麻油爆出香味，淋上米酒，
放入處女蟳，煮至湯汁微乾即可。

簡單用醋料理蟹，帶出肉質馨香豐美。

鮮 Sea

海鮮料理——蝦貝中卷蟹

# 桑椹酸溜蟹

材料 ………　蟹2隻、洋蔥半顆、薑20克、辣椒半根、米酒10c.c.、岩鹽些許、黑豆桑手工桑椹淳30c.c.、糖2克、香油3c.c.

## 準備

01 ……… 蟹洗淨切塊備用。
02 ……… 薑切成薑片備用。

## 作法

01 ……… 先將洋蔥、薑片以慢火爆香，再淋上米酒，以岩鹽調味。
02 ……… 放入蟹塊，最後轉大火讓湯汁收乾，再淋上桑椹淳，翻炒兩下即可上桌。

加了桑椹醋醬汁拌炒的蟹肉，入口滋味酸甜，很適合下酒。

高麗菜讓湯汁更加鮮甜爽口，花菇與鮑魚片熬出獨特海味香。

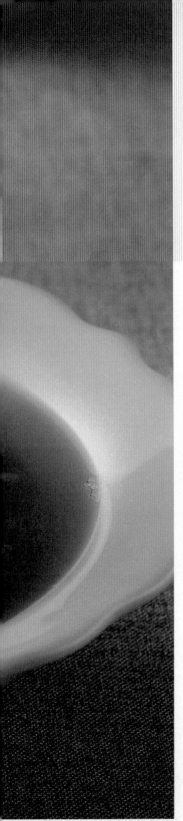

# 玉菜鮑魚湯

超級簡單宴客菜，完全不添加調味料。

海鮮料理──蝦貝中卷蟹

材料 ········ 日式鮑魚1包、高麗菜1顆(差不多600克)、花菇7朵

## 準備

高麗菜撥成一片一片。取出鮑魚切片，保留湯汁。

## 作法

01 ········ 高麗菜片放入煮開的水中，也加入日式鮑魚湯汁。
02 ········ 將鮑魚切片跟花菇放入，煮至熟爛出味就可以喝湯了。
[ Tips ········ 不必加任何調味料。]

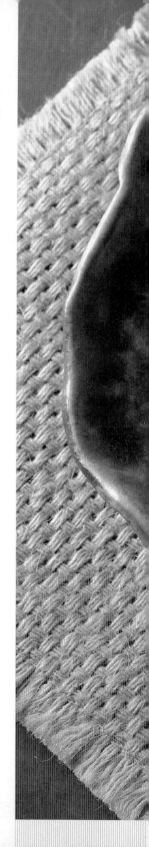

鮭 Sea

海鮮料理—魚

# 麻辣豌豆鮭魚鬆

小時候，我也偏食，後來成了廚師，開始嚐試各種食材，分辨與記憶各種滋味。廚師對食材要保持平等心，如此才能體驗出世界上千變萬化的滋味，而我也從這些過程學到一些料理方式，讓自己可以去吃原本不敢吃的食材。這也是很多人的處境，有些人不敢吃魚，原因很多，然而最重要的是魚有腥味；有些人不敢吃納豆，因為納豆的味道很怪；有些人不敢吃胡蘿蔔，所以媽媽們都要費盡心思，讓小孩神不知鬼不覺地吃下。

我也用著這樣的心情創作出這道料理，別說小孩子，很多大人也不愛吃魚，或許是一直無法忘懷第一次吃魚的可怕經驗吧。在這裡選用營養很豐富的鮭魚，也是餐桌上常見的食材。簡單把鮭魚作成鮭魚鬆，這招很好用的，不喜歡吃魚的小孩或大人，往往因此會鼓起勇氣嚐一口。而只要肯嚐試，便會發現真得很好吃，改變了吃鮭魚的印象。(不過，這道菜有辣度不適合小朋友)^o^

親愛的，若是你的朋友不敢吃魚，一定要試作這道料理，絕對可以扭轉他的印象!!而且不是我自誇，這也是許多老饕吃過豎起大拇指說讚的超級好料!

這也是本食譜一定要嘗試的料理之一。作法看起來繁複，實際上一點也不難。豌豆泥顆粒的作法和薰衣草鮮貝(見第124頁)如出一轍。鮭魚鬆的作法也不難，比平常的煎鮭魚多了兩道工夫，放冷後揉碎。辣度可隨自己喜愛調整。廚房菜鳥試作後，成功率近百分之百，除了需要花費較多時間，吃來雖無法比得上老師的細膩度，可是卻仍是一道很特別，很好吃的料理。

濃郁豌豆香氣撲鼻，入口後滑綿細緻，鮭魚毫無腥味，飽滿酸香，後味來計回馬槍，辣呀！只能拍案叫絕。

材料 ········ 豌豆225克、鮭魚115克、蛋白3顆、太白粉150克、辣椒醬3克、白胡椒粉1克、
白醋3c.c.、蔥1根、蒜頭2瓣、米酒10c.c.

## 準備──鮭魚鬆製作

01 ········ 鮭魚下鍋煎熟。
02 ········ 放涼備用。
03 ········ 帶上手套剝鮭魚。
04 ········ 可先撥成數大塊。
05 ········ 再依個人喜好剝到適當的大小。

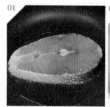 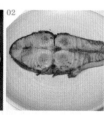  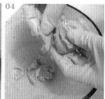 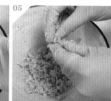

## 作法

01 ……… 豌豆用果汁機或調理機打成泥。

02 ……… 加入太白粉及蛋白攪拌均勻。

03 ……… 熱油鍋後，放入豌豆泥，炸成顆粒狀。

04 ……… 倒入濾網濾油。

05 ……… 濾除多餘的油。

06 ……… 沖開水再去除油脂。

07 ……… 蔥蒜下鍋爆香，加米酒及辣椒醬，再加入豌豆顆粒。

08 ……… 再放入鮭魚鬆拌炒。

09 ……… 最後灑上白胡椒粉，淋上白醋即可上桌。

好用的鮭魚鬆料理變化款之一。

鮭魚鬆薏仁拌飯

口感豐富，香氣濃郁，越吃越順口。

鮮 Sea

海鮮料理—魚

材料 ········ 薏仁300克、鮭魚鬆150克、XO醬20克、昆布醬油8c.c.、
生菜20克、白飯1碗

準備

薏仁以電鍋蒸熟備用。

作法

01 ········ 將白飯和鮭魚鬆、薏仁、XO醬、昆布醬油均勻攪拌。
02 ········ 拌好後模具塑型，食用時以生菜包裹即可。

# 鮭魚南瓜義大利麵

好用的鮭魚鬆變化款之二。

鮭 Sea

海鮮料理──魚

材料 ……… 南瓜1/4顆、義大利麵1份、洋蔥1顆、鮮奶油10克、鮭魚鬆30克、蒜頭3瓣、昆布醬油10c.c.、黑胡椒2克

## 準備

01 ……… 義大利麵煮熟，冰鎮備用。

02 ……… 製作鮭魚鬆備用。

03 ……… 南瓜連皮煮熟，打成泥備用。

## 作法

01 ……… 洋蔥以奶油爆香，再加入蒜泥一起拌炒。

02 ……… 依序放入水、南瓜泥、義大利麵拌炒。

03 ……… 滴幾滴昆布醬油，最後加入鮭魚鬆拌炒幾下即可。

排了一圈的貓耳朵餅乾，配上炒得晶亮的魚肉丁炒飯，讓人食指大動。

# 鯖魚肉丁炒飯
# 佐貓耳朵

這樣吃可以讓臉變瘦，
你相信嗎？

海鮮料理—魚

用貓耳朵餅乾吃飯是個小噱頭，擔任家廚的時候，老夫人有時身體微恙，便失了胃口。她老人家愛吃炒飯，而這樣身分地位的老夫人什麼山珍海味沒吃過，做出這道菜是為了引誘她多吃幾口飯，有句台灣厘語不是說「老人孩子性」。那時候的我在老夫人眼中，就像一個毛毛躁躁的小子，把這道菜端出去的時候，老人家的神情就是一副看我又變出什麼把戲的樣子。老夫人問「為什麼這樣吃？」，我說「用貓耳朵舀飯吃，這樣可以運動到下巴，臉會變瘦！」於是這道菜成功地誘拐了老夫人的胃。

這道菜裡的鯖魚也可以用其他魚肉代替，使用鯖魚是因為鯖魚帶有鹹度，吵起來香氣會更濃郁。而這道菜也是拿來騙小孩子的一道簡單又美味的料理。

材料 ········ 白飯1碗、鯖魚肉丁40克、洋蔥30克、蔥2支、肉鬆20克、貓耳朵12片、蛋1顆、醬油6c.c.、胡椒粉適量

作法

01 ········ 洋蔥切丁爆香，續加入蛋跟鯖魚丁炒至香味溢出。

02 ········ 加入白飯、醬油、胡椒粉繼續拌炒，炒至醬油顏色均勻，灑上蔥花，便可盛盤。

03 ········ 最後鋪上肉鬆，使用貓耳朵舀食。

生芋頭打成泥，新口感湯品長輩最愛。

鮮
Sea

海鮮料理——魚

## 芋泥小魚羹

材料 ……… 吻仔魚150克、芋頭1顆、高湯500c.c.、太白粉適量

調味料 ……… 紅蔥酥油5c.c.、蛋白3顆、蔥1支、白胡椒粉1克、昆布醬油5c.c.、烏醋12c.c.

### 準備

芋頭削皮後切塊，用果汁機或食物調理機打成泥備用。

### 作法

01 ……… 芋頭泥加入蛋白、太白粉，和少許水拌勻，下油鍋炸成顆粒狀，撈起冰鎮待用。(類似詳細作法，可參考第124頁)

02 ……… 高湯煮沸後加入小魚及昆布醬油，再放入芋頭顆粒，以太白粉勾薄芡，灑些許白胡椒粉，最後加入紅蔥酥油及蔥花，滴幾滴烏醋即可。

[ Tips ……… 高湯可用市面超市販售的高湯罐頭。]

紅蔥酥油讓香氣倍增，炸過的芋泥顆粒和吻仔魚一起烹煮，吃來口感滑膩細緻。

豆皮取代春捲皮，炸後外皮酥脆，芋頭炒飯香氣十足，米飯新吃法！

芋頭小魚飯卷

內餡像壽司，外皮像春卷，最後是炸物。

材料 ……… 芋頭1顆、吻仔魚150克、白飯2碗、豆皮4張、酥炸粉40克

調味料 ……… 黑豆桑初朵香菇4朵、紅蔥頭6顆、醬油15c.c.、白胡椒粉適量、糖5克、蝦皮37.5克

## 準備

01 ……… 芋頭削皮，切丁。

02 ……… 香菇用熱水泡開，切丁。

03 ……… 蝦皮用熱水泡一下備用。

04 ……… 豆皮以溫水浸泡備用。

05 ……… 紅蔥頭切細。

06 ……… 現煮白飯2碗。

## 作法

01 ……… 先將紅蔥頭爆香，撈起紅蔥頭，再將芋頭丁油炸至金黃香酥。

02 ……… 續加入小魚、香菇、蝦米、醬油、白胡椒粉，及爆香過的紅蔥頭，均勻攪拌，最後加入白飯拌炒。

03 ……… 用豆皮包捲芋頭小魚炒飯，外皮沾點酥炸粉泥，炸至金黃色，切片即可食用。

採用不同品種米做焗飯，感受新滋味。

# 起司南瓜泰國米焗飯

海鮮料理——魚

材料 ┄┄┄┄ 南瓜4分之1顆、泰國米1碗、
　　　　　　蝦仁12尾

調味料 ┄┄┄┄ 昆布醬油3c.c.、起司30克、
　　　　　　紅蔥油2克

## 準備

01 ┄┄┄┄ 泰國米煮熟備用。

02 ┄┄┄┄ 南瓜蒸熟搗成泥狀。

03 ┄┄┄┄ 蝦仁蒸熟待用。

## 作法

01 ┄┄┄┄ 將準備好的三樣食材放入大碗中，加入
　　　　　昆布醬油及紅蔥油均勻攪拌。

02 ┄┄┄┄ 放入烤盤，最後灑上起司絲進烤箱，烤
　　　　　箱溫度設190度，烤至外表金黃色即可食
　　　　　用。

加了紅蔥酥油，這是充滿台味的焗飯，一入口同時享受三種食材的美味。

以蠔油辣豆瓣烹煮的鱈魚，淋上烏醋香油，酸酸辣辣，口味相當隆重。

# 辣豆瓣蠔油圓鱈

多層次調味鱈魚，節慶必備料理。

鱻 Sea

材料 ……… 圓鱈1片、蔥2枝、蒜頭2瓣、辣椒2條、蠔油5c.c.、糖3克、黑豆桑辣豆瓣醬5克、烏醋6c.c.、香油5c.c.、米酒10c.c.、太白粉適量

作法

01 ……… 圓鱈魚以蠔油醃漬一下，沾太白粉，下鍋油炸至八分熟待用。

02 ……… 將所有的蔥、蒜、辣椒下鍋爆香，再放入蠔油、豆瓣醬，淋上米酒及少許水，煮到水分稍微收乾。

03 ……… 再將圓鱈下鍋悶煮至水分微乾，淋上烏醋、香油，就可上桌。

# 蘋果醋溜白鯧魚

## 學會讓小朋友愛上你的一道超級料理！

鮮 Sea

材料 ……… 白鯧魚1尾、蘋果1顆、黑木耳2朵、紅椒1顆、太白粉適量、蒜頭2瓣、香菜一把

醬汁 ……… 黑豆桑天然手工蘋果淳60c.c.、醋精8c.c.、糖50克、水20c.c.、昆布醬油5c.c.

### 準備

01 ……… 白鯧魚洗淨。
02 ……… 木耳、紅椒、蘋果切細丁。
03 ……… 蒜頭磨成泥備用。

### 作法

01 ……… 白鯧魚沾太白粉，下油鍋油炸，炸至油泡變小，便為八分熟，可起鍋備用。
02 ……… 蒜泥爆香，淋入醬汁。續加入木耳、紅椒、蘋果細丁下鍋，悶煮約5分鐘。
03 ……… 勾薄芡後淋在白鯧魚上面，灑上些許香菜即可。

有時候覺得我們六十年代出生的人比較幸運，我們的媽媽(大約四十年代左右出生)大都在廚房忙進忙出，以煮食照料一家大大小小，常常是三代同堂。媽媽總是依循著節氣、傳統節日，採買當季的食材，烹煮出食材的美味。好比過年時做年糕，接著吃韭菜，再來快到清明便有春卷，端午節到了，媽媽會包粽子，食物跟日常生活、大自然關係密切。

現在到了網路時代，小孩子吃得食物或許還沒我們那個年代多樣呢！還好近幾年，慢食運動、樂活風潮，紛紛重新帶領大家認識食物和生活的重要關係，不管是男生或是女生，若是能多在家料理食物，也是愛地球的方法之一。

在我擔任家廚時，小少爺跟所有的小朋友一樣，很挑嘴的。喜歡吃油炸的食物，然而市面上的油炸食品常常令人擔心，因此我設計這道菜。在自家廚房炸白鯧魚，加上小孩喜歡的糖醋調味，肯定比麥香魚堡好吃多了，還有份量充足的黑木耳、紅椒、蘋果丁，營養更豐富，整道料理顏色五彩繽紛，又香噴噴的，小孩子都會愛上這道菜。

所以，想讓小朋友愛上你，先從學會做一道他愛吃的料理，而且這可能是他一輩子念念不忘的味道。

木耳、紅椒、蘋果丁大分量豪邁地淋在魚肉上，佐魚肉吃上一口，酸酸甜甜好滋味。

材料 ········ 甜菜根1顆、魚肉225克、柴魚粉3克、蛋白3顆、太白粉20克、高湯350c.c.、白胡椒粉2克、白醋3c.c.、綠竹筍1枝、岩鹽3克、香油3c.c.

甜菜根正夯，除了打成汁，還可以做成鮮美魚湯。

# 甜菜根魚柳濃湯

湯汁顏色大膽豔麗，魚肉入口滑嫩鮮甜，筍丁增添清新口感。

## 準備

01 ········ 甜菜根用果汁機打成泥備用。
02 ········ 魚肉切條備用。
03 ········ 竹筍切細丁備用。

## 作法

01 ········ 甜菜根泥加入太白粉及蛋白拌勻，下鍋油炸出顆粒狀，撈起冰鎮備用。
02 ········ 魚肉條沾太白粉燙熟撈起備用。
03 ········ 鍋中放入高湯煮開後，放入甜菜根泥、魚肉條泥、筍丁，以柴魚粉、岩鹽調味，勾芡後淋上香油即可。

海鮮料理——魚

薰衣草魚條羹

薰衣草入菜變化款，加魚條一樣很對味。

材料 ……… 薰衣草15克、鯛魚片2片、紫高麗菜1/4顆、蛋白3粒、太白粉40克、白醋10c.c.、白胡椒粉3克、高湯350c.c.、柴魚粉10克、岩鹽5克

### 準備

01 ……… 鯛魚片切條狀，沾太白粉燙熟，冰鎮備用。

02 ……… 紫高麗菜用果汁機打成泥備用。

### 作法

01 ……… 紫高麗菜泥加入蛋白及太白粉，下油鍋炸出顆粒狀，冰鎮後備用。

02 ……… 高湯加入薰衣草煮出味道，撈起薰衣草渣。

03 ……… 放入紫高麗菜泥和鯛魚條，以柴魚粉、鹽、白胡椒調味。

04 ……… 勾芡後，滴幾滴白醋即可。

帶點酸味的薰衣草醬汁，顏色很夢幻，入口滿嘴是原味魚肉的清新。

紫紅色澤神祕的洛神花做成醬汁，
　和魚肉拌炒後比傳統糖醋醬汁更馨香清爽。

花料理再一款，
洛神花特殊香氣很搭魚肉。

# 洛神花魚排

材料 ……… 鯛魚肉450克、乾燥洛
神花150克、白醋15c.
c.、糖30克、蔥2根、太
白粉20克、蛋1顆、岩
鹽3克

鱻 Sea

海鮮料理—魚

## 準備

01 ……… 鯛魚片以鹽、蛋汁、太白粉醃製約15分鐘。
02 ……… 洛神花洗淨，泡水約10分鐘備用。

## 作法

01 ……… 把醃過的鯛魚片下油鍋炸熟備用。
02 ……… 洛神花加些許水放入鍋中煮沸，加糖、
白醋。
03 ……… 勾芡後放入鯛魚片，下鍋翻炒兩下，即可
盛盤，再擺上蔥絲。

# 五、甜點

甜點都不難，也不花時間，
像蜜汁銀耳作法簡單，可以常常作來享用。
草莓蛋豆腐適合草莓季時，顏色香氣都很棒。

Sweet 甜

# 蜜汁銀耳

幾乎可以天天做來享用的美容養顏聖品！

材料 ……… 白木耳187.5克、乾蓮子75克、
　　　　　　紅棗12顆、水1500c.c.
調味料 ……… 糖140克、蜂蜜30c.c.

## 準備

白木耳、乾蓮子、紅棗先用水泡開備用。

## 作法

01 ……… 將所有材料下鍋熬煮2小時，即可食用。

02 ……… 吃的時候，可加少許蜂蜜。

白木耳熬煮到黏稠軟爛，入口即化，充滿甜甜的蜂蜜香。

簡單方便好製作的鍋餅，吃來口感和北方館子不相上下。

材料 ⋯⋯⋯⋯ 紅豆300克、春卷皮2張
調味料 ⋯⋯⋯⋯ 桂花醬4克、糖約150克

# 桂花紅豆鍋餅

春卷皮巧變鍋餅皮，桂花醬增香氣。

### 準備——紅豆泥作法

紅豆跟糖用電鍋燉製熟爛放涼待用。

### 作法

01 ⋯⋯⋯ 在春卷皮塗上一層厚厚紅豆泥，再覆蓋一張春卷皮。

02 ⋯⋯⋯ 放入鍋中煎，翻面再煎至呈金黃色，即可對切8份。

03 ⋯⋯⋯ 抹上一點桂花醬，即可上桌。

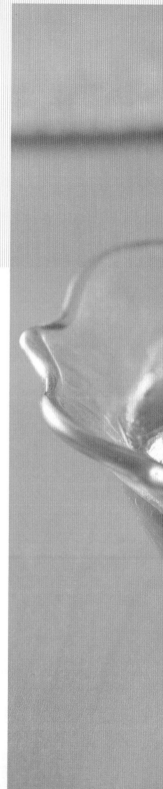

Sweet 甜

# 梅醋小番茄

加熱一起熬煮，嚐到好滋味不用等。

材料 ……… 梅醋100c.c.、小番茄16顆、
蜂蜜3c.c.、果糖10c.c.

## 準備
小番茄以滾水燙過去皮。

## 作法
01 ……… 小番茄、蜂蜜及果糖一起下鍋加
　　　　熱，煮至入味。
02 ……… 小番茄浸泡在梅醋約1小時，冰鎮1
　　　　小時後就可以擺碟上桌。

先蜜過的小番茄，再吸飽梅醋，又酸又甜又冰涼，是夏日涼伴。

草莓優格醬汁顏色美麗，果香四溢，滴入昆布醬油神奇地引出果酸味，配上炸過的滑嫩蛋豆腐，好夢幻的滋味。

# 草莓蛋豆腐

新鮮草莓打成泥＋昆布醬油＝？
好神奇呀！

材料 ……… 蛋豆腐1盒、草莓1盒、原
味優格1盒、薄荷葉2片
醬汁 ……… 草莓1盒、原味優格1盒、
昆布醬油3c.c.

作法
01 ……… 蛋豆腐切塊，下油鍋油炸至酥脆。
02 ……… 將醬汁的材料以果汁機打成泥，淋在炸過的豆腐上，
以薄荷葉裝飾即可。

BS6003

# 豪門主廚在我家！

雷蒙老師教你煮出google找不到的名人指定菜

作　　者／雷蒙老師
編輯協力／達樂思傳播有限公司、廖尉伯
食材採買協力／Candy Chou、Edgar wei
攝影現場協力／黑豆桑好料館（老王、文萍、文萍妹）、Candy Chou
成品圖攝影／徐博宇（迷彩廣告攝影）
食材攝影／YO（迷彩廣告攝影）
花架攝影／Claymens Lee
文字構成／喬愛思
裝幀設計／謝富智
印　　刷／卡樂彩色製版印刷股份有限公司

版　　權／翁靜如、葉立芳
行銷企劃／林彥伶　發行業務／林詩富
企畫選書／何宜珍
責任編輯／周怡君
總 編 輯／何宜珍
總 經 理／彭之琬
發 行 人／何飛鵬
法律顧問／台英國際商務法律事務所　羅明通律師
出　　版／商周出版
　　　　　臺北市中山區民生東路二段141號9樓
　　　　　電話：（02）2500-7008　傳真：（02）2500-7759
　　　　　E-mail：bwp.service@cite.com.tw
發　　行／英屬蓋曼群島商家庭傳媒股份有限公司城邦分公司
　　　　　臺北市中山區民生東路二段141號2樓
　　　　　讀者服務專線：0800-020-299　24小時傳真服務：（02）2517-0999
　　　　　讀者服務信箱E-mail：cs@cite.com.tw
劃撥帳號／19833503　戶名：英屬蓋曼群島商家庭傳媒股份有限公司城邦分公司
訂購服務／書虫股份有限公司客服專線：（02）2500-7718；2500-7719
　　　　　服務時間：週一至週五上午09:30-12:00；下午13:30-17:00
　　　　　24小時傳真專線：（02）2500-1990；2500-1991
　　　　　劃撥帳號：19863813　戶名：書虫股份有限公司
　　　　　E-mail：service@readingclub.com.tw
香港發行所／城邦（香港）出版集團有限公司
　　　　　香港灣仔駱克道193號超商業中心1樓
　　　　　電話：（852）2508 6231　傳真：（852）2578 9337
馬新發行所／城邦（馬新）出版集團
　　　　　Cité（M）Sdn. Bhd.（458372U）
　　　　　11, Jalan 30D/146, Desa Tasik, Sungai Besi,
　　　　　57000 Kuala Lumpur, Malaysia.
　　　　　電話：（603）9056 3833　傳真：（603）9056 2833
商周出版部落格／http://bwp25007008.pixnet.net/blog
行政院新聞局北市業字第913號

總 經 銷／聯合發行股份有限公司　　電話：（02）2917-8022　傳真：（02）2915-6275

2011年（民100）4月7日初版　　　　　　　　　　　Printed in Taiwan
定價300元

ISBN 978-986-120-585-4

城邦讀書花園
www.cite.com.tw

國家圖書館出版品預行編目資料

豪門主廚在我家／雷蒙老師著．初版．
台北市：商周出版：家庭傳媒城邦分公司，民100.4，（STYLE：3）
ISBN 978-986-120-585-4 1.食譜　427.1　100000445

## 臺源 立清茶
產品詳情 ▶
- 包裝：長方形・紙盒　　規格：20泡裝
- 說明：本品萃取多種純天然綠色無污染植物之精華，具有改善消化系統，清腸通便、清肺解熱、清血排毒、清脂減肥、促進新陳代謝，美顏修身的功效。（產品以實物為準）

## 臺源 美顏茶
產品詳情 ▶
- 包裝：長方形・鐵盒　　規格：15泡裝
- 說明：本品采用多種天然無污染的植物經過烘焙、研磨後精制而成，均是人體所需要的營養元素，是促進生理機能活化，排毒養顏、延緩衰老的快樂之飲。（產品以實物為準）

## 臺源 白鶴靈芝茶
產品詳情 ▶
- 包裝：長方形・鐵盒　　規格：30泡裝
- 說明：本品味甘美芳香，品質純正，無添加任何化學成分或色素；經常飲用能提供飲食中攝取到的營養源，全面提升抵抗力及免疫力，可達到保健功效。（產品以實物為準）

## 臺源 芳津養肝茶
產品詳情 ▶
- 包裝：長方形・紙盒　　規格：30泡裝、60泡裝
- 說明：本品色澤呈琥珀色的晶瑩剔透，畫映般淺淡交替。口感醇香甜甜，入口柔滑鮮爽，回甘力強。具有養肝、醒酒、理氣、排毒、養顏之功效。（產品以實物為準）

## 臺源 溪月養肝茶
產品詳情 ▶
- 包裝：圓桶・紙盒　　規格：30泡裝、60泡裝
- 說明：本品色澤鮮艷似百年陳釀，深沉優雅如千年瑪瑙。口感韻香濃厚，入口圓潤，舌末生津、甘醇、甜而不膩。具有養肝、醒酒、提神、排毒之功效。（產品以實物為準）

## 臺源 皇家養肝茶
產品詳情 ▶
- 包裝：長方形・紙盒　　規格：60泡裝
- 說明：本品色澤呈琥珀色的晶瑩剔透，畫映般淺淡交替。口感醇香清甜，入口柔滑鮮爽，回甘力強。具有養肝、醒酒、理氣、排毒、養顏之功效。（產品以實物為準）

## 臺源 古韵養肝茶
產品詳情 ▶
- 包裝：長方形・紙盒　　規格：30泡裝
- 說明：本品色澤鮮艷似百年陳釀，深沉優雅如千年瑪瑙。口感韻香濃厚，入口圓潤，舌末生津、甘醇、甜而不膩。具有養肝、醒酒、提神、排毒之功效。（產品以實物為準）

## 臺源 古韵養肝茶
產品詳情 ▶
- 包裝：八角形・紙盒　　規格：60泡裝
- 說明：本品色澤鮮艷似百年陳釀，深沉優雅如千年瑪瑙。口感韻香濃厚，入口圓潤，舌末生津、甘醇、甜而不膩。具有養肝、醒酒、提神、排毒之功效。（產品以實物為準）

## 臺源 品源養肝茶
產品詳情 ▶
- 包裝：六角形・紙盒　　規格：40泡裝
- 說明：本品色澤呈琥珀色的晶瑩剔透，畫映般淺淡交替。口感醇香清甜，入口柔滑鮮爽，回甘力強。具有養肝、醒酒、理氣、排毒、養顏之功效。（產品以實物為準）

## 臺源 品源養肝茶
產品詳情 ▶
- 包裝：長方形・紙盒　　規格：60泡裝
- 說明：本品色澤呈琥珀色的晶瑩剔透，畫映般淺淡交替。口感醇香清甜，入口柔滑鮮爽，回甘力強。具有養肝、醒酒、理氣、排毒、養顏之功效。（產品以實物為準）

原味食材
體驗第一道原汁

台視-美食好簡單、中廣-吳恩文快樂廚房
TVBS-吃飯皇帝大、東風-焦志方料理美食王
媒體節目推薦指定使用!

大檢驗：通過TUV與Intertek檢測(純釀造檢測、無人工甘味劑檢測、無防腐劑檢測、無三聚氰胺檢測、無重金屬汞檢測、無農藥殘留檢測)

免付費訂購專線：0800-25-3399

【發貨中心】
桃園縣龜山鄉文東五街99號1樓 (近林口長庚醫院文華國小旁)

【相關網站】
黑豆桑官網：www.ods.tw｜台灣好料館：www.tgt.tw｜豆油伯事業：www.dub.tw

銷售通路：誠品之味、台北101JASONS超市、太平洋SOGO(新竹店、忠孝館、敦化館)、環球中和店、
微風廣場、大統百貨和平店、漢神巨蛋B1松青超市、京站時尚廣場、遠東百貨花蓮新館、愛買、統一生機